21 世纪工程及计算机图学系列教材

（第三版）

土木工程图学
习题集

■ 主　编　陈永喜　靳　萍
■ 副主编　夏　唯　孙宇宁

武汉大学出版社

图书在版编目(CIP)数据

土木工程图学习题集/陈永喜,靳萍主编. —3版. —武汉:武汉大学出版社,2017.9(2023.8重印)
21世纪工程及计算机图学系列教材
ISBN 978-7-307-19759-6

Ⅰ.土… Ⅱ.①陈… ②靳… Ⅲ.土木工程—建筑制图—高等学校—习题集 Ⅳ.TU204-44

中国版本图书馆 CIP 数据核字(2017)第 241402 号

责任编辑:谢文涛　　责任校对:李孟潇　　版式设计:汪冰滢

出版发行:武汉大学出版社　　(430072　武昌　珞珈山)
　　　　　(电子邮箱:cbs22@whu.edu.cn 网址:www.wdp.com.cn)
印刷:湖北金海印务有限公司
开本:880×1230　1/16　印张:17　字数:157 千字　插页:1
版次:2004 年 8 月第 1 版　　2010 年 8 月第 2 版
　　　2017 年 9 月第 3 版　　2023 年 8 月第 3 版第 4 次印刷
ISBN 978-7-307-19759-6　　　定价:26.00 元

版权所有,不得翻印;凡购买我社的图书,如有缺页、倒页、脱页等质量问题,请与当地图书销售部门联系调换。

内 容 提 要

  本习题集是根据国家教委于1995年批准印发的高等学校工科本科适用于土建、水利类专业的《画法几何及土木建筑制图课程教学基本要求》，以及适应当前高等学校正在合理调整系科和专业设置、拓宽专业面、优化课程结构、精选教学内容等发展趋势，总结多年的教学改革经验编写而成。

  本习题采用了最新颁布的有关制图的国家标准。

  本习题集与武汉大学出版社出版的《土木工程图学》（第三版）教材配套，可供高等学校工科本科土木工程专业、水利类各专业或其他土建类专业以及相近专业的学生使用，也可供其他类型的学校，如职工大学、函授大学、电视大学、网络学院、职业技术学院等有关专业和作为工程技术人员的参考书。

目 录

第三版前言 1
第1章 工程制图基本知识 1
第2章 点、直线、平面和平面体的投影 8
第3章 曲线、曲面和曲面体的投影 34
第4章 立体的截切与相贯 41
第5章 轴测投影 56
第6章 组合体 61
第7章 透视图 73
第8章 标高投影 80
第9章 表达工程形体的图样画法 88
第10章 AutoCAD 绘图基础 95
第11章 建筑阴影 102
第12章 建筑结构图 113
第13章 建筑施工图 115
第14章 建筑设备图 120
第15章 路、桥工程图 125
第16章 水利工程图 127
第17章 几何造型设计简介 132

第三版前言

本习题集是根据1995年高等学校工科本科画法几何及工程制图课程教学指导委员会审订通过、经国家教委批准印发、适用于土建、水利类专业的《画法几何及土木建筑制图课程教学基本要求》，以及适应当前高等学校正在合理调整系科和专业设置、拓宽专业面、优化课程结构、精选教学内容等发展趋势而编写的。本习题集与武汉大学出版社出版的《土木工程图学》(第三版)教材配套使用。

本习题集采用了最新颁布的有关制图的国家标准。

本习题集由武汉大学出版社出版。在编写过程中，武汉大学丁宇明教授对本习题集提出了许多宝贵的编写意见，对提高本习题集质量起着非常重要的作用，对此表示衷心的感谢。

本书第一版为武汉大学十五规划教材和面向21世纪系列教材中的一套，是武汉大学《工程制图》课程被评为2006年湖北省精品课程的重要成果之一。

参加本习题集编写工作的有：武汉大学陈永喜(第6章、第8章、第13章、第17章)、夏唯(第11章、第12章、第14章、第15章)、孙宇宁(第7章)、詹平(第9章)、张竞(第2章、第3章)、靳萍(第10章)，三峡大学任德纪(第6章、第16章)、许南宁(第1章)，武汉科技大学朱丽华(第4章)、李志红(第2章)，贺亚魏(第5章)、肖丽(第4章)。习题集由武汉大学陈永喜统稿，陈永喜、靳萍为主编，夏唯、孙宇宁为副主编。

由于编者水平有限，缺点和错误在所难免，热忱欢迎读者批评指正。

编　者

2017年8月

第 1 章
工程制图基本知识

班级 _____ 姓名 _____ 学号 _____

1-1 字体练习

　　长仿宋字

平面图长仿宋体字枢纽水库排灌泵站厂房堆石土坝涵洞

机电溢洪电廊河流船闸阀门码头堤拱桥公铁路集水井隧渡槽混凝渠坞波室

大小重力进出口跌引航护滑温度凝沉陷回填挖方坡垫底层流伸缩总布置图立学院系别班级姓名审核比例尺

长仿宋字

建筑制图民用房屋枢纽仓库构灌造站厂房排气土坝涵洞

平立剖断廊道粗细船闸阀设计说明基础高坡路墙柱井隧渡梁混档板室楼梯

学号材料进出口门窗阳台钢筋度凝砖砌石填挖方坡灰砂浆沥青实总布置图轴线修护别顶部规国标游夯实墩

班级 _____ 姓名 _____ 学号 _____

数字和字母

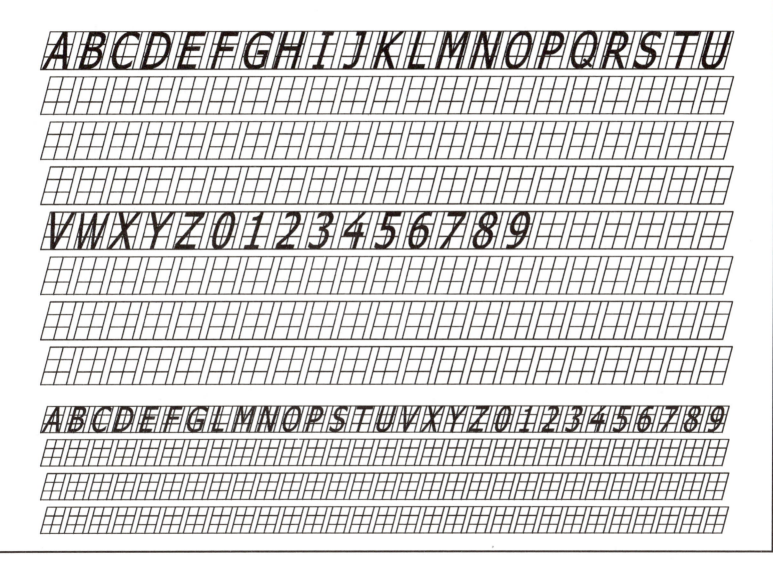

4

1-2 补全图线

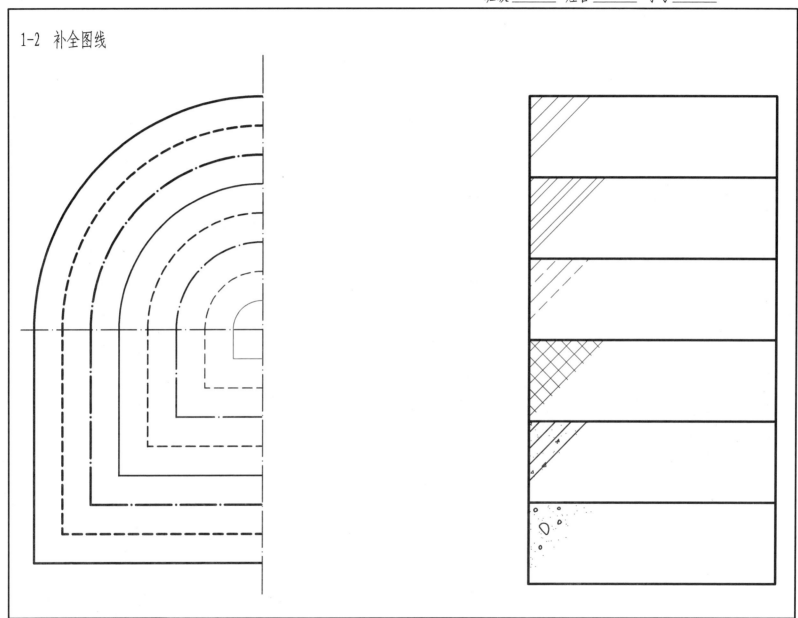

1-3 在横放的A3幅面图纸上，绘制下列图形。

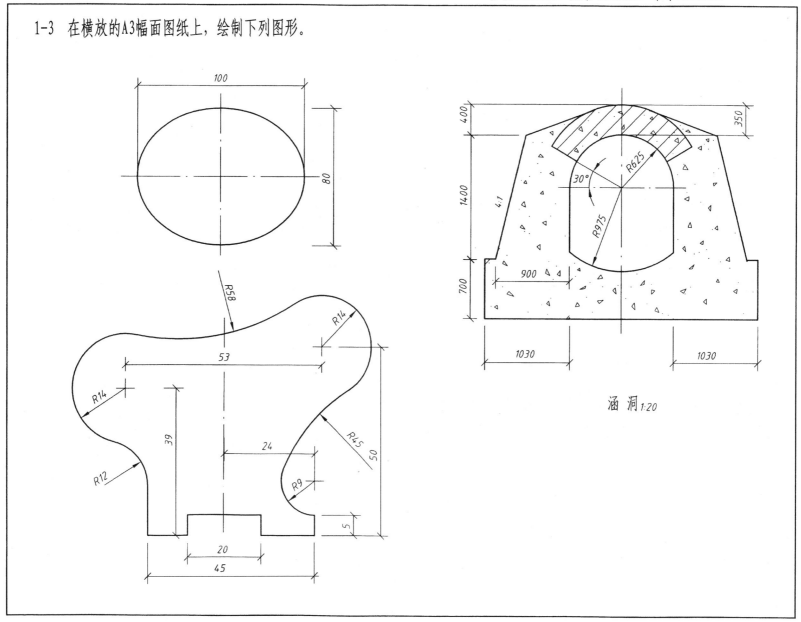

涵 洞 1:20

1-4 在横放的A3幅面图纸上用1:1绘制下图。

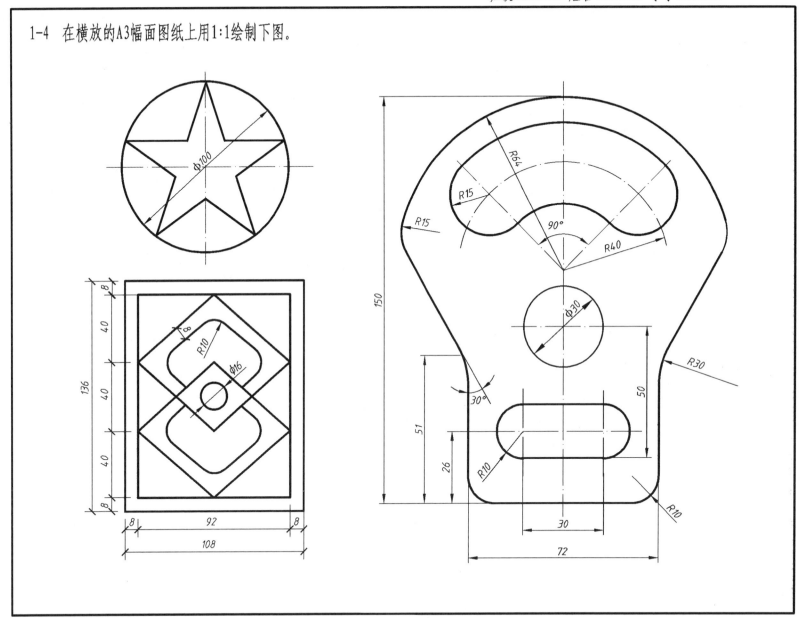

第 2 章
点、直线、平面和平面体的投影

2-1 根据直观图作 A, B, C, D 各点的投影图。

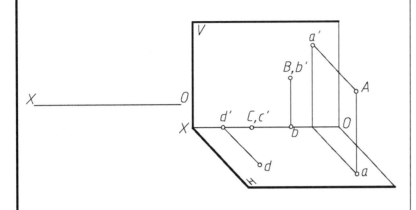

2-3 已知各点的两面投影，求作其第三面投影，并量出各点坐标填入表内。

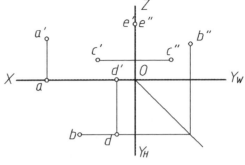

坐标 \ 点	A	B	C	D	E
X					
Y					
Z					

2-2 根据直观图作 A, B 的三面投影图。

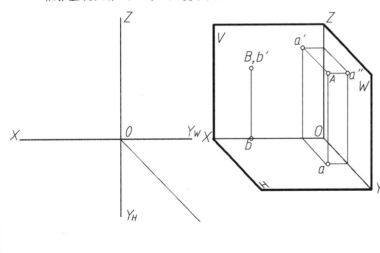

2-4 已知点 A, B 的坐标为 A(20, 10, 15), B(15, 15, 0)，求作其三面投影图和立体图。

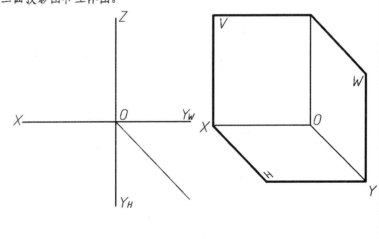

2-5 已知点 A, B 的两个投影，求作其第三个投影，并比较 A, B 两点的相对位置，量出其坐标差（$\Delta X, \Delta Y, \Delta Z$）。

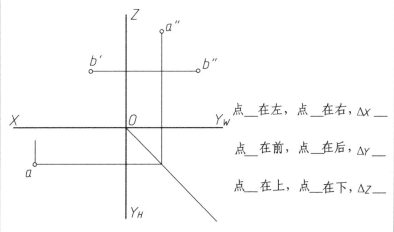

点__在左，点__在右，ΔX__

点__在前，点__在后，ΔY__

点__在上，点__在下，ΔZ__

2-7 求作 A, B, C, D 各点的三面投影，点 A(25, 15, 20) 与点 B 对称于 H 面，点 A 与点 C 对称于 OX 轴，点 A 与点 D 对称于原点 O。

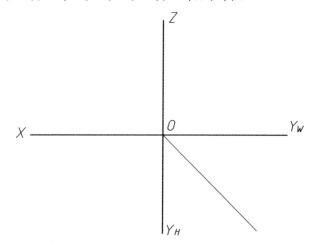

2-6 求作 A, B, C, D 各点的正面投影，并标明投影重合的可见性。

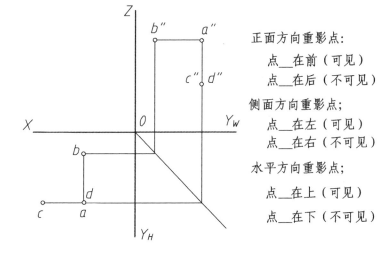

正面方向重影点：
　　点__在前（可见）
　　点__在后（不可见）
侧面方向重影点：
　　点__在左（可见）
　　点__在右（不可见）
水平方向重影点：
　　点__在上（可见）
　　点__在下（不可见）

2-8 已知点 A 的三面投影，并已知点 B 在点 A 之左 10，之前 20，之下 10；又知点 C 在点 B 之右 10，之后 15，之上 15；求作点 B, C 的三面投影。

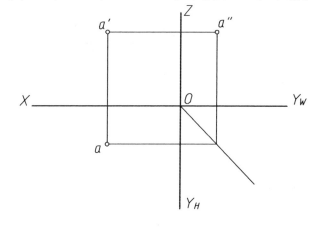

2-9 判别下列各线段在投影面上的相对位置，写出其名称，并作出其第三投影。

(1)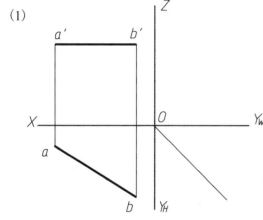

(3)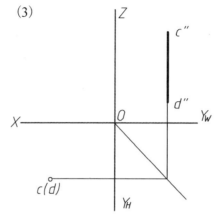

(5)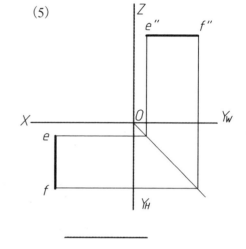

(2)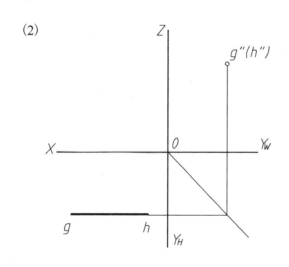

(4)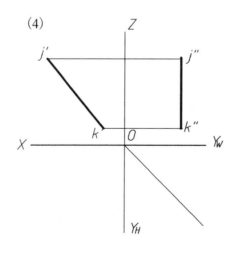

(6)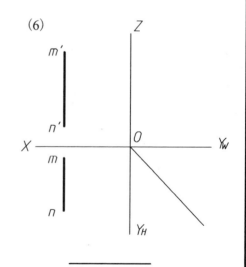

2-10 已知线段AB两端点的坐标A(35, 25, 5)、B(15, 5, 25)，求作AB的三面投影、直观图，并在直观图中标出AB的三个倾角。

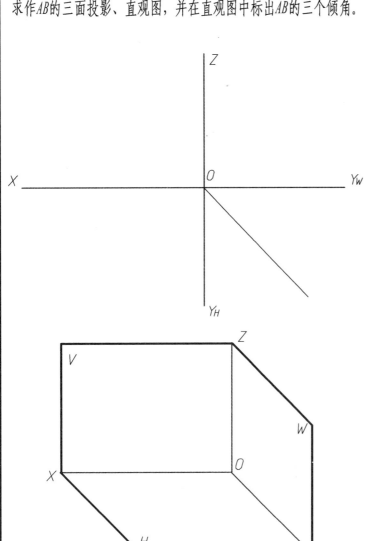

2-11 已知线段AB的两面投影，求AB的实长及其倾角α, β。

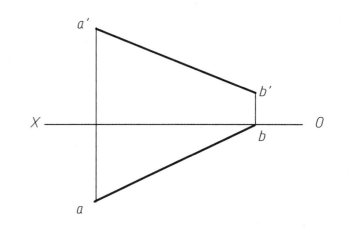

2-12 已知线段AB的正面投影和点A的水平投影，并知AB的倾角α=30°，求作其水平投影ab。

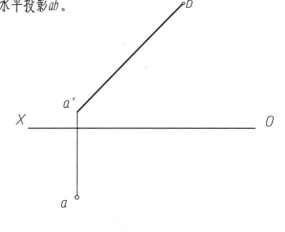

2-13 在已知线段AB上截取AC=30mm，求作C点的投影。

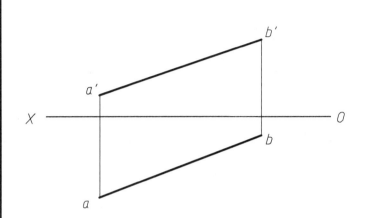

2-14 试在已知线段AB上求一点K，使AK:KB=m:n。

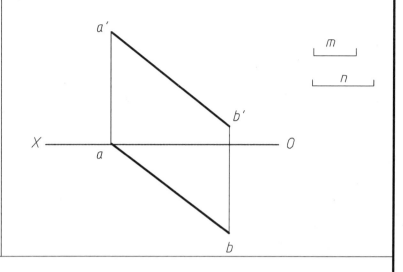

2-15 试判断点K是否在下列直线上。

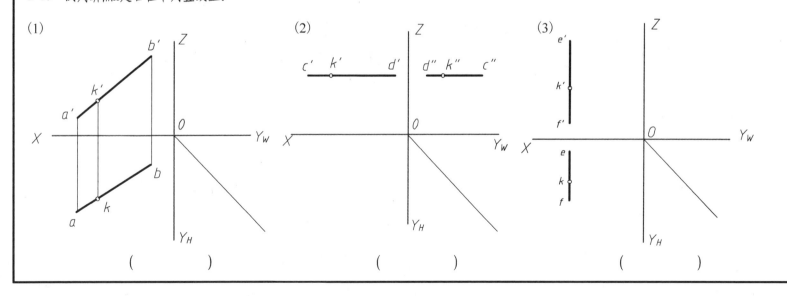

(1) (　　)　　(2) (　　)　　(3) (　　)

2-16 标出重影点的投影，并判断可见性。

(1)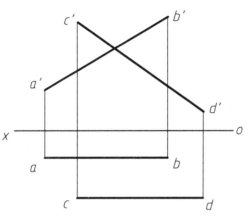

(2)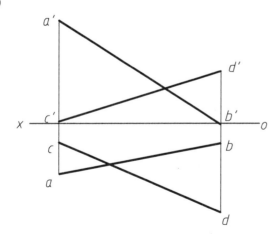

2-17 判断两直线是否垂直（相交垂直、交叉垂直、不垂直）。

(1)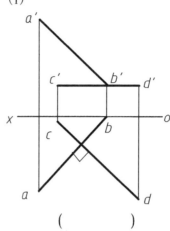
（　　）

(3)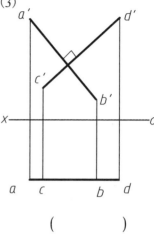
（　　）

(2)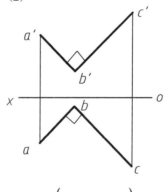
（　　）

(4)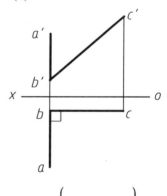
（　　）

2-18 已知正平线CD与直线AB相交于点D，AD长为20mm，且正平线CD的倾角α=60°，求CD的两面投影。

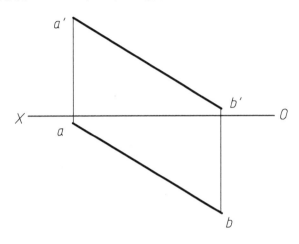

2-20 已知等边三角形ABC的顶点A，另两点B和C在直线MN上，试完成三角形ABC的两面投影。

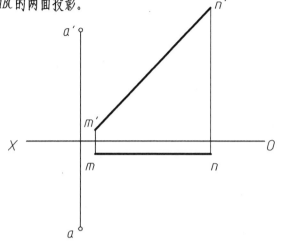

2-19 已知等腰直角三角形ABC的斜边为AC，顶点B在直线CD上，试完成三角形ABC的两面投影。

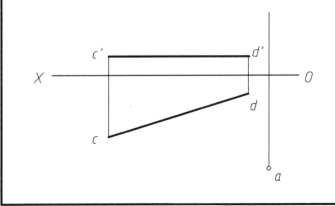

2-21 作一直线，使它与已知的直线AB平行，并与直线CD，EF都相交。

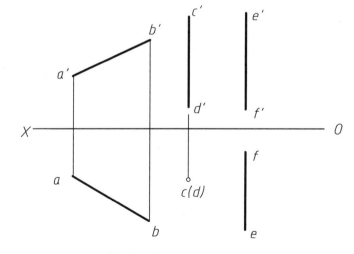

2-22 作出下列各平面图形的第三面投影，并指出其对投影面的相对位置。

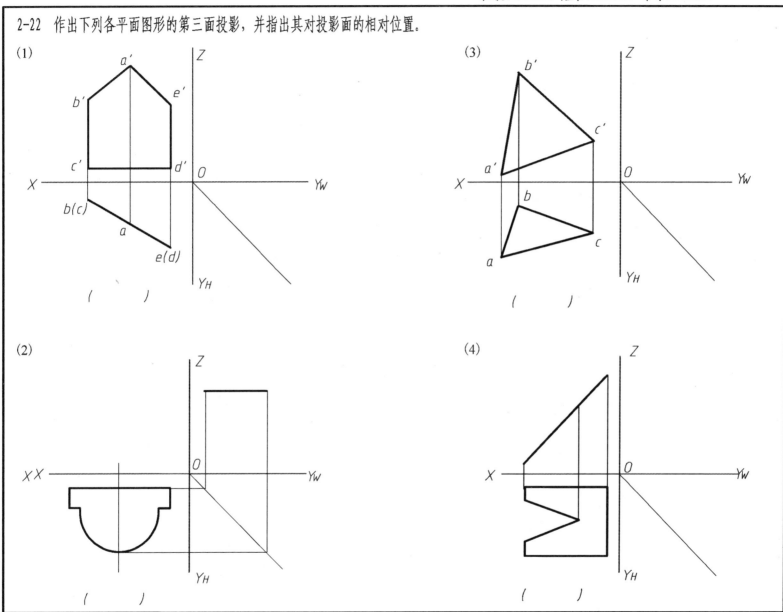

2-23 判别下列题中的各点是否在平面上。

(1)
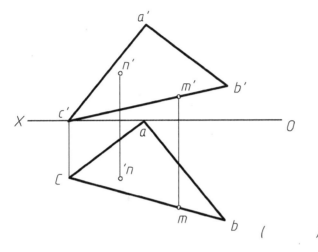
(   )

(2)
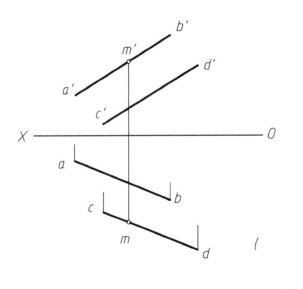
(   )

2-24 已知三角形ABC的两面投影，试在三角形ABC上确定一点M，且使点M在点B之下15mm，在点B之前10mm。

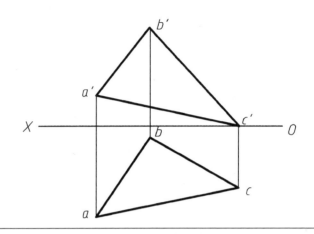

2-25 试完成平面图形的水平投影和侧面投影。

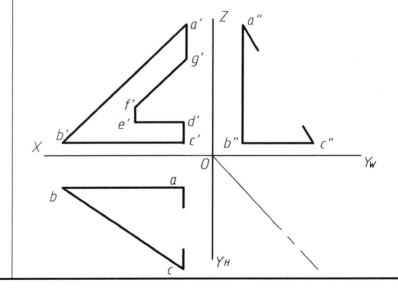

2-26 已知平面ABCD的AD边平行于V面，试完成该平面的水平投影。

(1)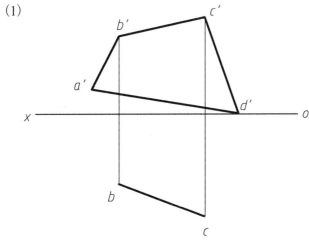

(2)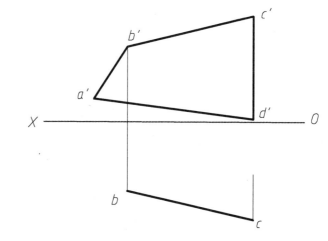

2-27 已知平面ABCDE的部分投影，试完成该平面的两面投影。

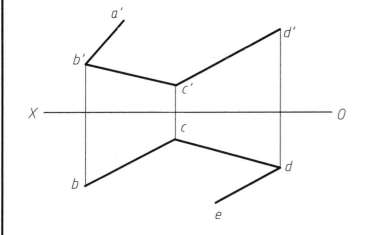

2-28 已知点K在三角形ABC内，试过点K在三角形ABC内作水平线。

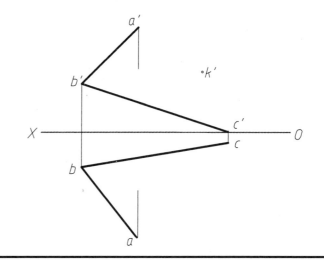

2-29 已知三角形ABC的投影。试在该平面内作水平线，使它在H面之上10mm；作正平线，使它在V面之前15mm。

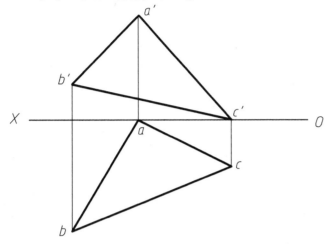

2-31 已知三角形ABC的投影，求作该平面对V面的倾角β。

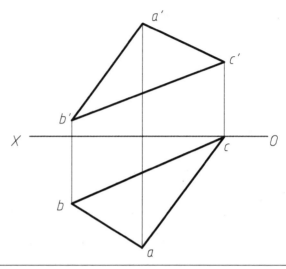

2-30 已知三角形ABC的投影，求作该平面对H面的倾角α。

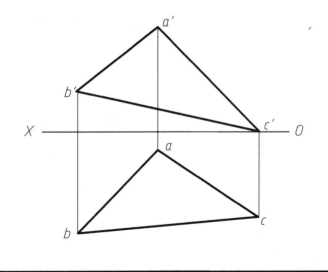

2-32 已知线段MN为平面内对V面的最大斜度线，并知$\beta=30°$，试求作该平面的两面投影。

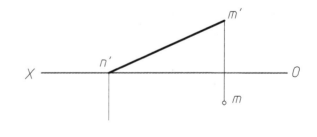

2-33 判别直线与平面的相对位置（平行、相交）。

(1)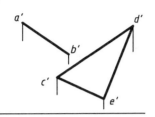

(2)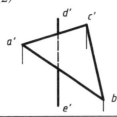

(3)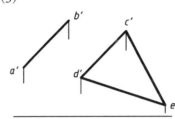

(4)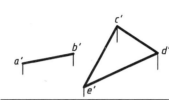

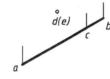 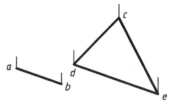 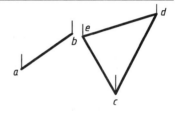

2-34 过点A作直线AB与平面CDE平行。

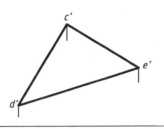

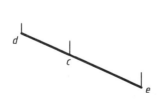

2-35 过CD作一平面与直线AB平行。

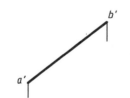 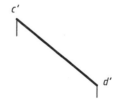

 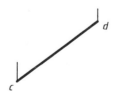

2-36 过点A作平面与直线BC平行。

(1) 过点A作正垂面与直线BC平行。

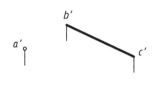

(2) 过点A作一般面与直线BC平行。

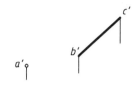

2-37 过点D作一直线DE平行于三角形ABC且与H面成30°。

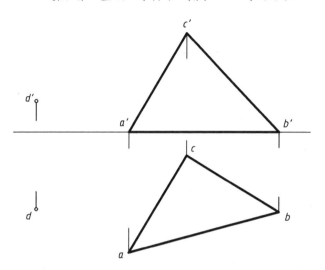

2-38 判别下列平面与平面是否平行。

(1)

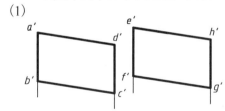

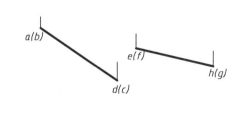

(2)

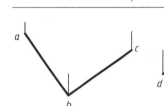

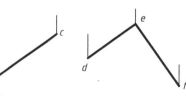

(3)

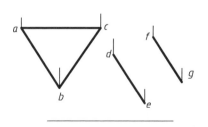

2-39 过点A作平面平行于平面BCDE。

(1) 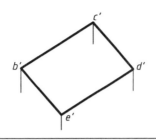 (2)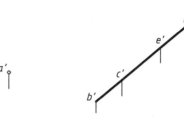

2-40 求直线与平面的交点，并判别可见性。

(1) 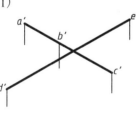 (2) 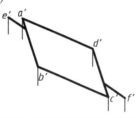 (3) 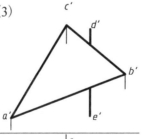 (4)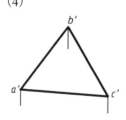

2-41 求两平面的交线，并判别可见性。

(1)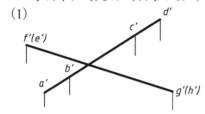
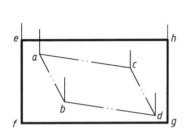

(2)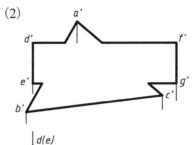
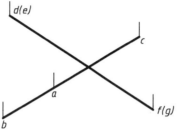

(3)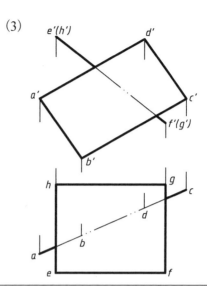

2-42 求两平面的交线，并判别可见性。

(1)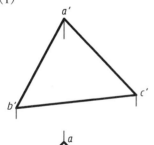
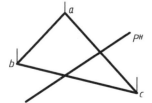

(2)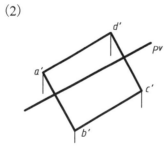
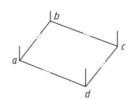

(3)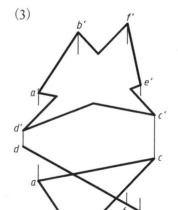

(4)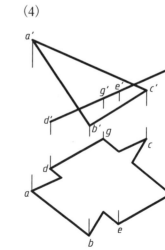

2-43 求直线与平面的交点，并判别可见性。

(1)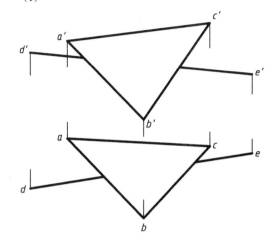

(2)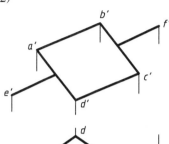

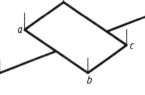

(3)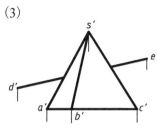

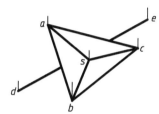

2-44 求两平面的交线，并判别可见性。

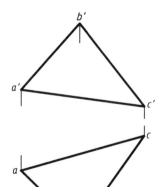

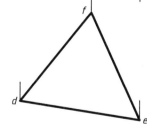

2-45 求两平面的交线，并判别可见性。

(1)

(2)

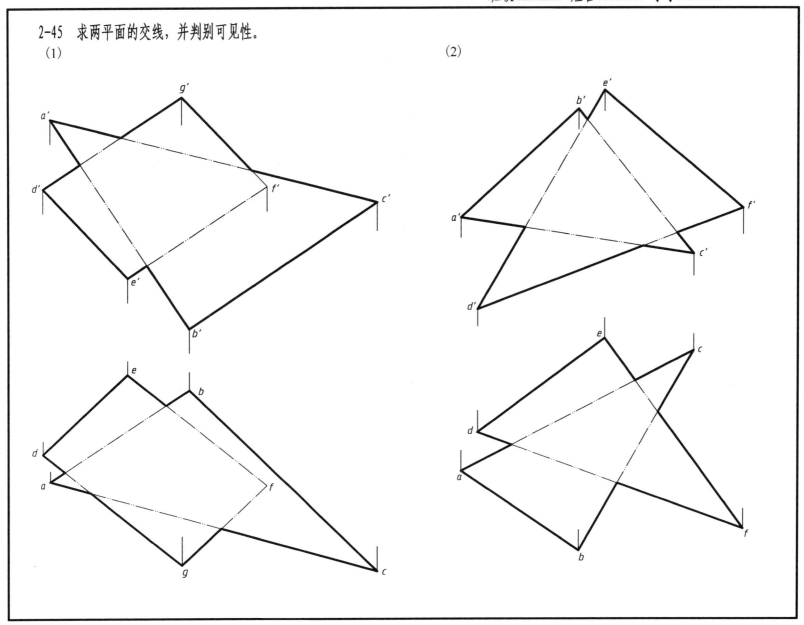

2-46 已知点A的两面投影，$Y_A = Y_B$ 及点B的新投影b_1'，求点A的新投影a_1'和点B的两面投影。

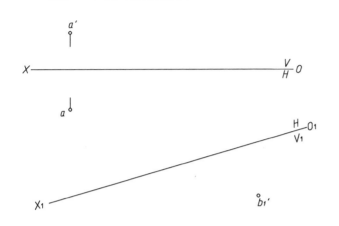

2-48 求线段AB的实长及其α, β角。

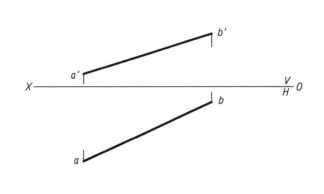

2-47 已知线段AB的实长，用换面法求它的水平投影。

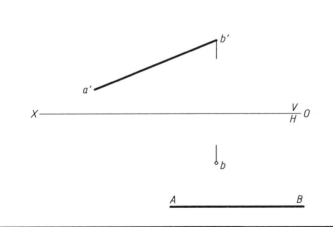

2-49 求两平行线AB, CD之间的距离。

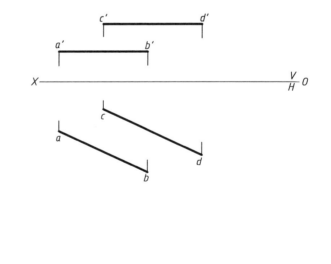

2-50 求三角形ABC的实形。

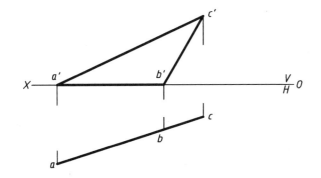

2-52 已知线段AB对H面的倾角α=30°,求它的正面投影。

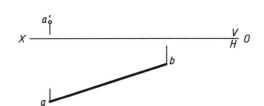

2-51 在线段AB上找一点K,使点K距C,D两点等距。

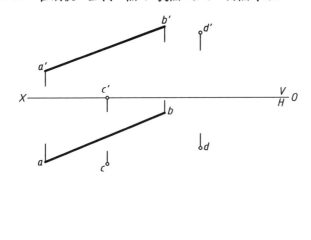

2-53 已知两平行线AB,CD之间的距离为15,求CD的水平投影。

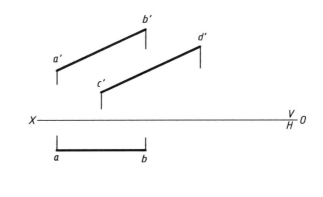

2-54 已知AB为直角三角形ABC的一直角边，斜边在BM上，求点C。

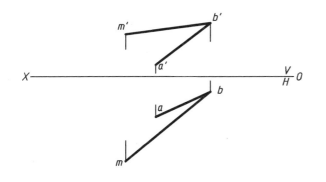

2-56 求两异面直线AB，CD的公垂线及最短距离。

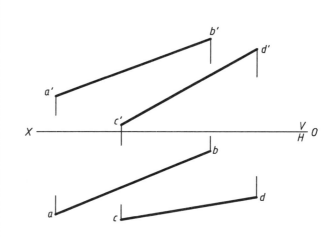

2-55 求点C到直线AB的距离并求垂足。

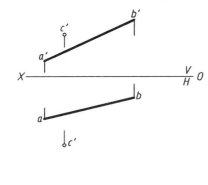

班级 _____ 姓名 _____ 学号 _____

2-57 求线段AB的实长及与H面的倾角。

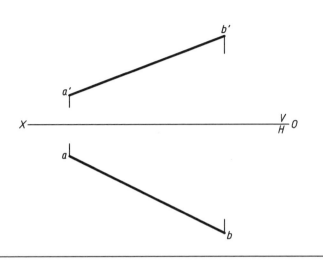

2-59 已知线段AB与V面的倾角 $\beta=45°$,求AB的水平投影ab。

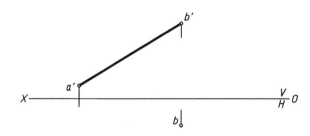

2-58 已知线段AB的实长,求它的水平投影。

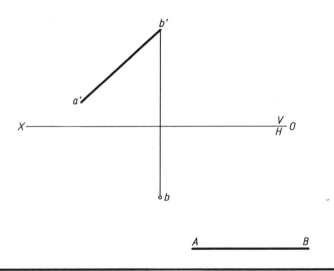

2-60 求两平行线AB, CD之间的距离。

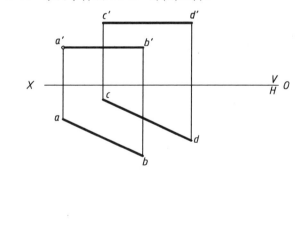

29

2-61 求三角形ABC的实形。

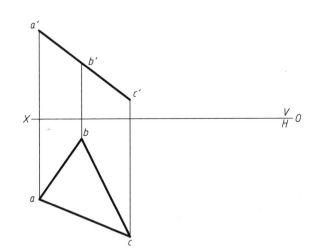

2-62 求平面三角形ABC与H面的夹角α。

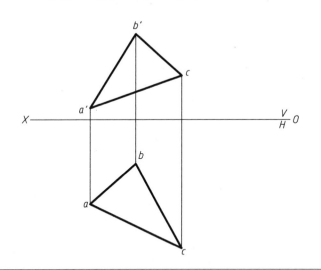

2-63 求三角形ABC的实形。

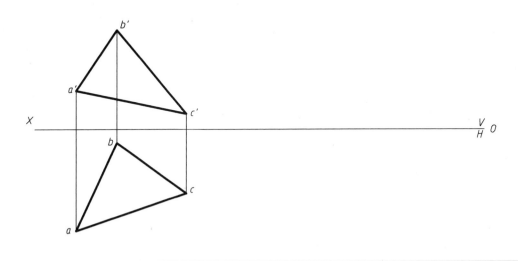

2-64 求三棱锥的W投影，并补全其表面上点、线的投影。

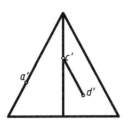

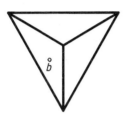

2-66 求五棱柱的水平投影，并补全其表面上点、线的投影。

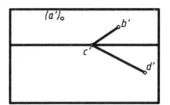

2-65 求四棱台的W投影，并补全其表面上点、线的投影。

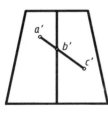

2-67 求四棱柱的水平投影，并补全其表面上点、线的投影。

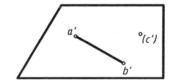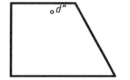

班级 _____ 姓名 _____ 学号 _____

2-68 已知三棱柱的两个投影，试作其侧面投影，并作表面展开图。

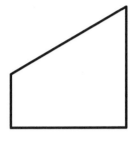

2-69 已知四棱锥的两个投影，试作其侧面投影，并作表面展开图。

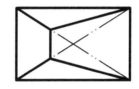

2-70 已知出料斗的三面投影图，试作其上第II段（四棱锥台）和第IV段（四棱柱）的展开图。

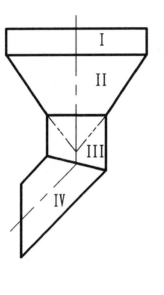
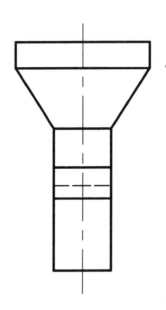
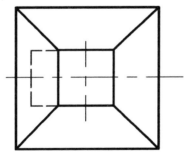

第 3 章
曲线、曲面和曲面体的投影

3-1 已知圆心的投影，直径为30，圆平面垂直于V面，α=30°，求作圆的三个投影。

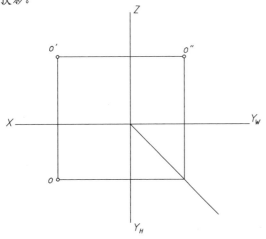

3-3 已知圆柱面上点A，B，C，D，E的一个投影，试求作它们的其余两个投影，并判别可见性。

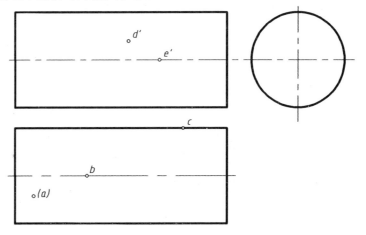

3-2 已知圆柱面的投影，试求作其上右旋螺旋线的投影，并判别可见性。

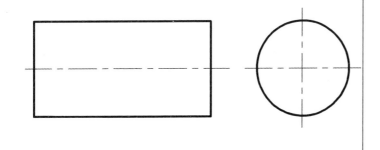

3-4 已知斜椭圆柱面上点A，B，C，D的一个投影，试求作它们的其余两个投影，并判别可见性。

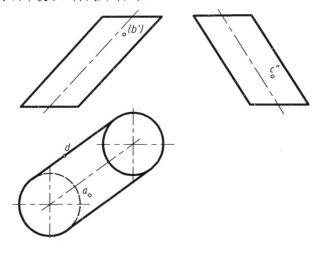

3-5 已知圆柱面上曲线ABC的正面投影，试求作它的其余两个投影，并判别可见性。

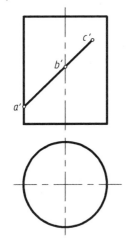

3-7 已知圆锥面上点A, B, C, D, E的一个投影，试求作它们的其余两个投影，并判别可见性。

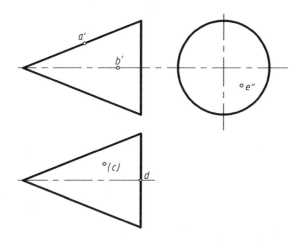

3-6 已知墩子的两个投影，试写出墩子左墙和右墙曲面的名称，补作侧面投影，并画出曲面上的素线。

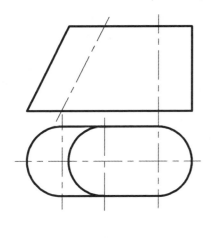

3-8 已知圆锥面上点A, B, C的一个投影，试求作它们的其余两个投影，并判别可见性。

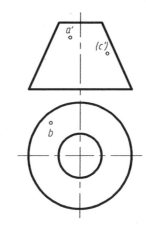

3-9 已知斜椭圆锥面上点A，B，C，D的一个投影，试求作它们的其余两个投影，并判别可见性。

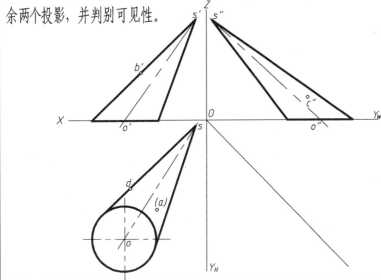

3-11 已知组合面的两个投影，试合理划分表面，补作水平投影，并画出曲面上的素线。

(1)

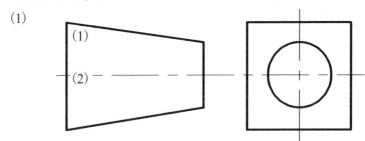

3-10 已知桥墩的两个投影，试写出墩子左右两端曲面的名称，补作侧面投影，并画出曲面上的素线。

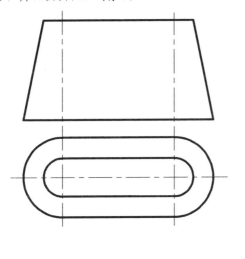

(2)

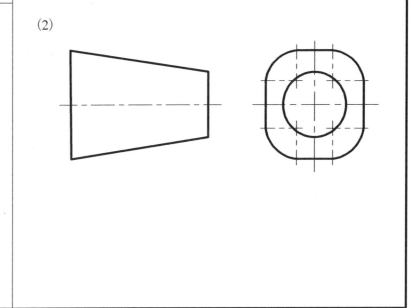

3-12 已知直导线AB, CD的两个投影，试作该曲面的侧面投影，并写出曲面的名称。

(1) 导平面为水平面。

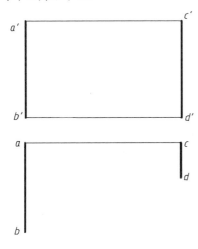

(2) 导平面为正面。

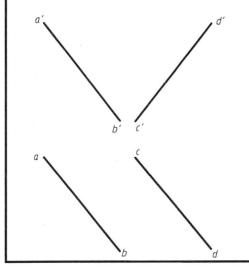

3-13 已知直导线AB和曲导线CD的两个投影，以侧平面为导平面作曲面，试作其侧面投影，画出曲面上的素线，并写出曲面的名称。

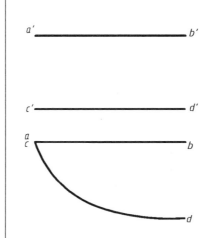

3-14 已知导线半径AB和半椭圆CD的两个投影，以H面为导平面作直纹曲面，求作其侧面投影，画出曲面上的素线，并写出曲面的名称。

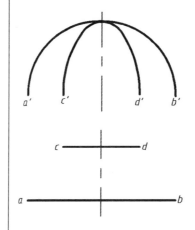

3-15 已知单叶双曲回转面直母线AB和旋转轴的两个投影，试求作曲面的投影图，并画出曲面上的素线。

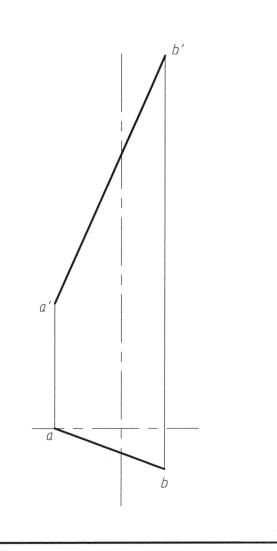

3-16 已知圆柱螺旋线（右旋）为曲导线，螺距为h，试求作大小两圆柱之间的正螺旋面的投影，并判断可见性（小圆柱为实心圆柱体）。

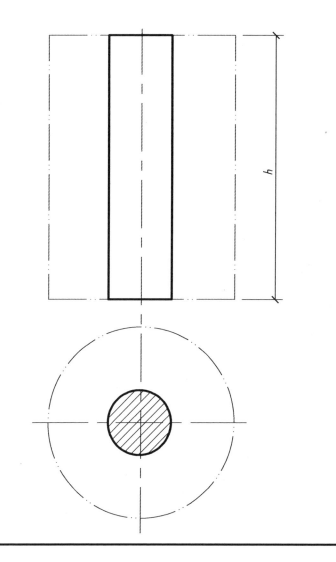

3-17 已知正螺旋面构成的楼梯扶手弯部的水平投影和弯部两端扶手截面（矩形）的正面投影，试补绘正螺旋面扶手的正面投影。

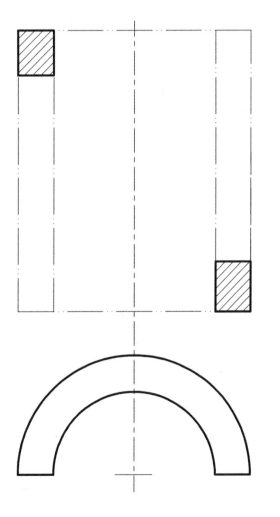

3-18 已知半球面上点A, D的正面投影(a'), d', 点B, E的水平投影b, (e)和点C的侧面投影(c")，试求作各点的其余两个投影，并判别可见性。

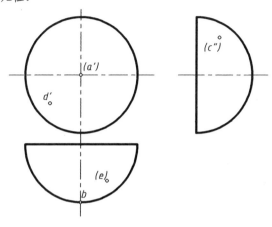

3-19 已知球面上线ABCD的正面投影，试求作ABCD的其余两个投影。

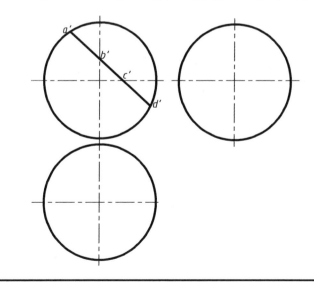

第 4 章
立体的截切与相贯

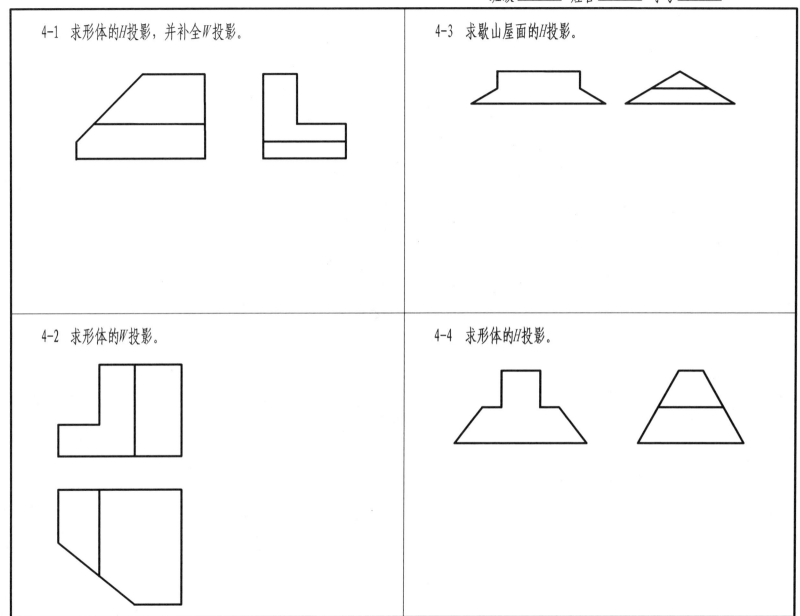

4-5 求四棱锥上的截交线,并完成各投影。

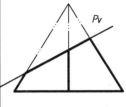

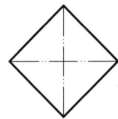

4-6 求三棱锥上的截交线,并完成各投影。

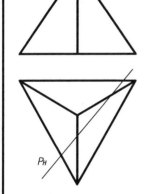

4-7 求四棱锥上的截交线,并完成三面投影。

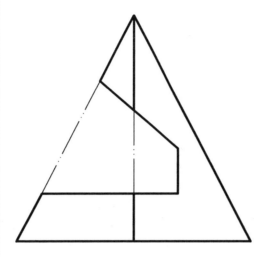

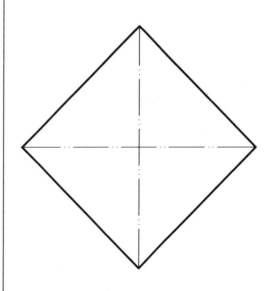

班级 _____ 姓名 _____ 学号 _____

4-8 求圆柱上的截交线，并完成W投影。

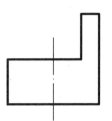

4-9 求圆柱上的截交线，并完成W投影。

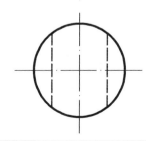

4-10 补全带切口圆柱的H投影。

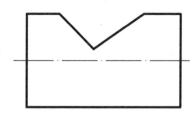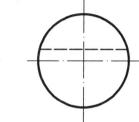

4-11 补全带切口圆柱的H投影。

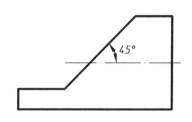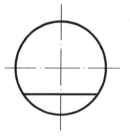

45°

44

班级 _____ 姓名 _____ 学号 _____

4-12 求圆锥上的截交线，并完成各投影。

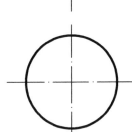

4-14 求圆锥上的截交线，并完成 H, W 投影。

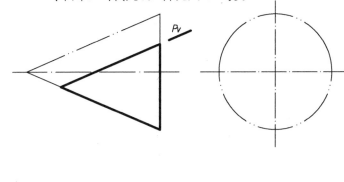

4-13 求圆锥上的截交线，并完成 W 投影。

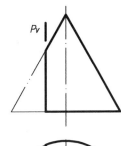
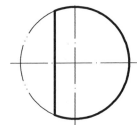

4-15 求圆锥上的截交线，并完成各投影。

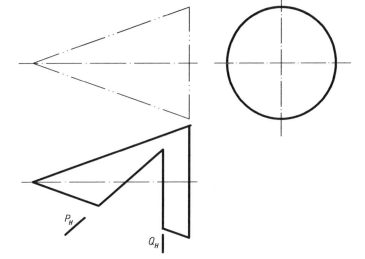

4-16 求半球上的截交线，并完成各投影。

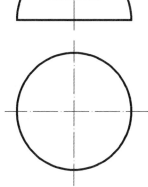

4-17 求半球上的截交线，并完成各投影。

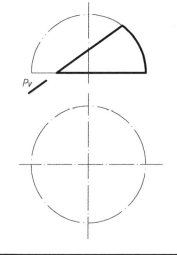

4-18 求半球上的截交线，并完成各投影。

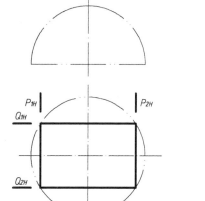

4-19 求带通孔的球的 H, W 投影。

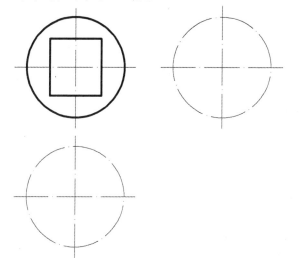

46

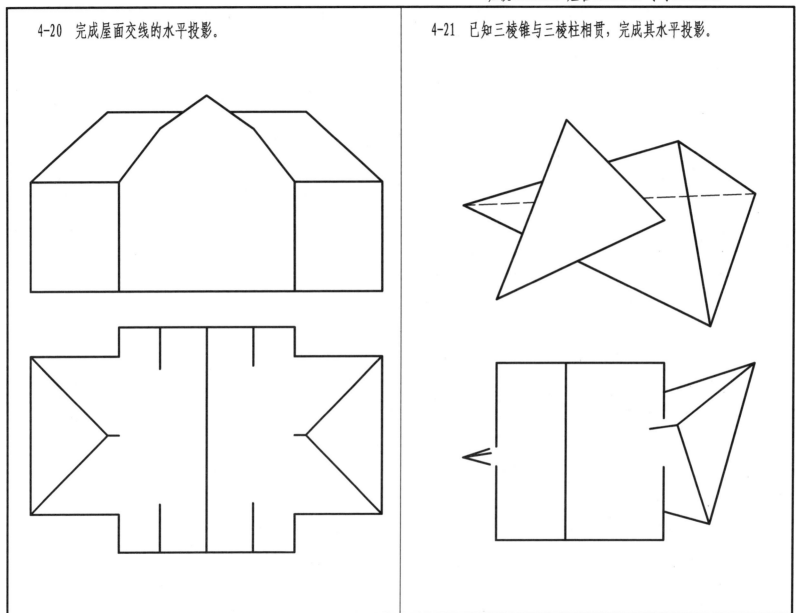

4-20 完成屋面交线的水平投影。

4-21 已知三棱锥与三棱柱相贯,完成其水平投影。

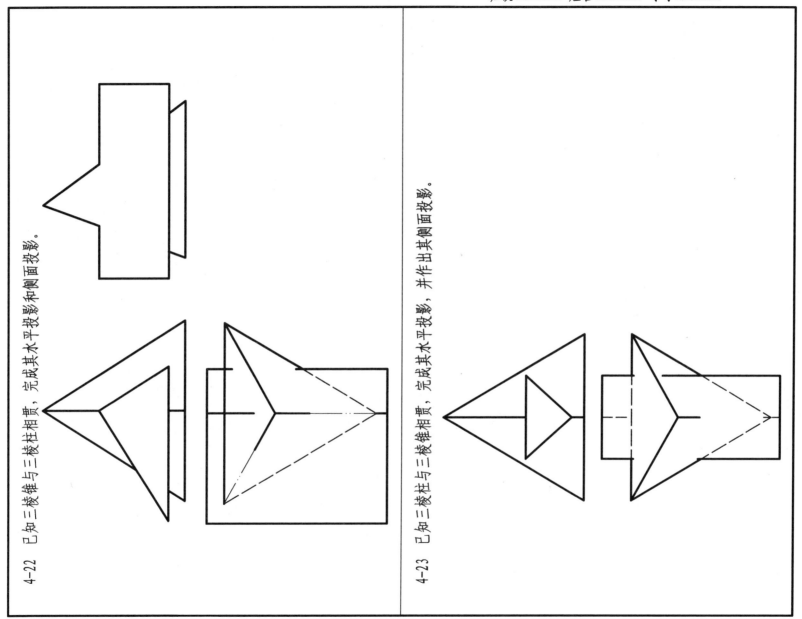

4-24 已知同坡屋面的倾角为30°，及檐口线的H投影，求屋面交线的H投影和屋面的V、W投影。

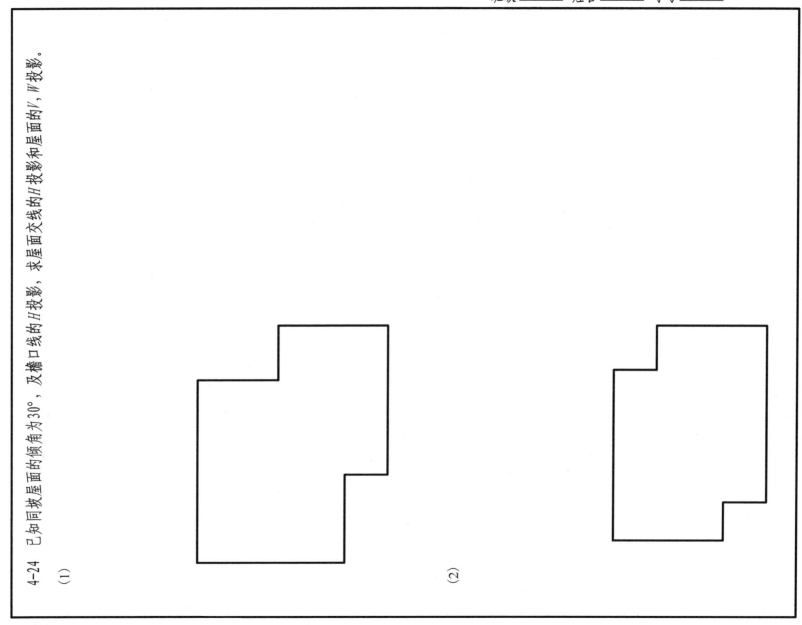

(1)

(2)

班级_____ 姓名_____ 学号_____

4-25 已知圆柱和四棱锥的投影，求作相贯线的V投影。

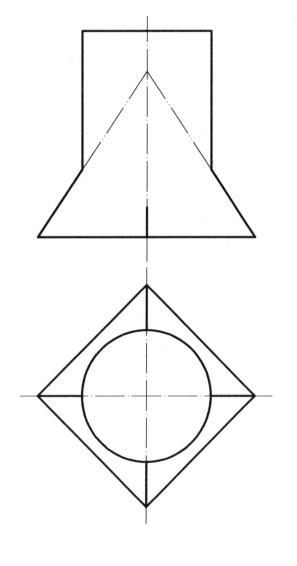

4-26 已知三棱柱与圆锥的投影，求作相贯线的投影。

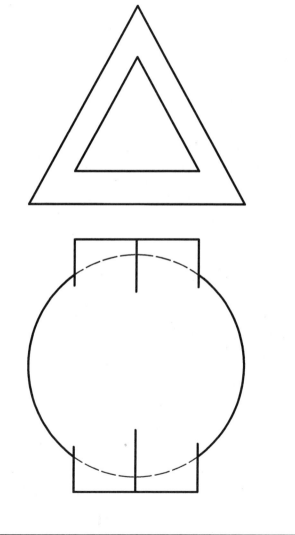

4-27 已知三棱柱与半球的投影，求作相贯线的投影。

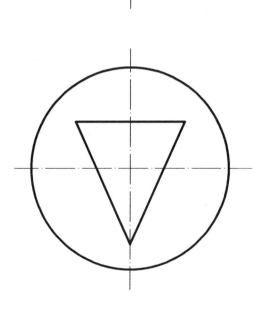

4-28 已知三棱柱和球的投影，求作相贯线和侧面投影。

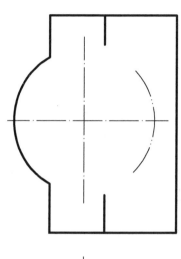

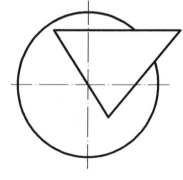

4-29 求圆锥与坡屋面的表面交线。

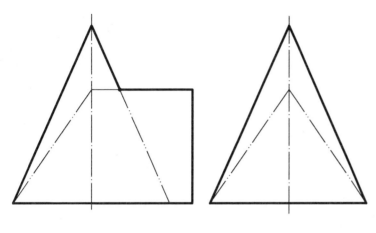

4-30 已知正交圆拱的两投影，求作其水平投影。

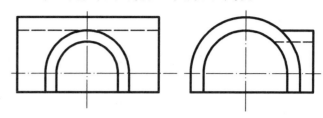

4-31 已知两圆柱的投影，求作相贯线的投影。

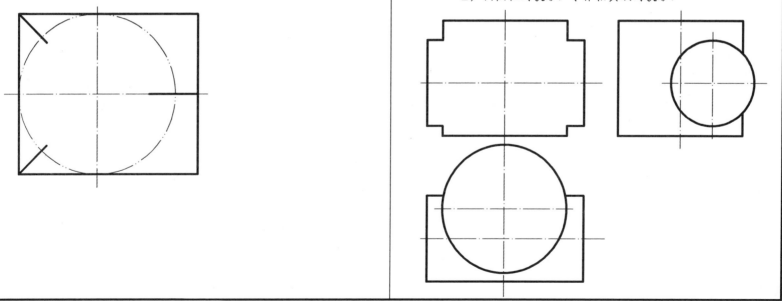

4-32 已知圆柱和圆台的投影,求作相贯线的投影。

4-33 已知圆环和圆柱的投影,求作相贯线的投影。

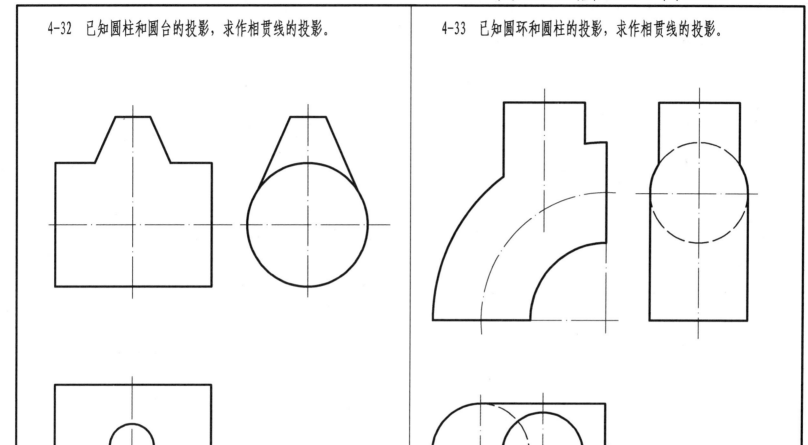

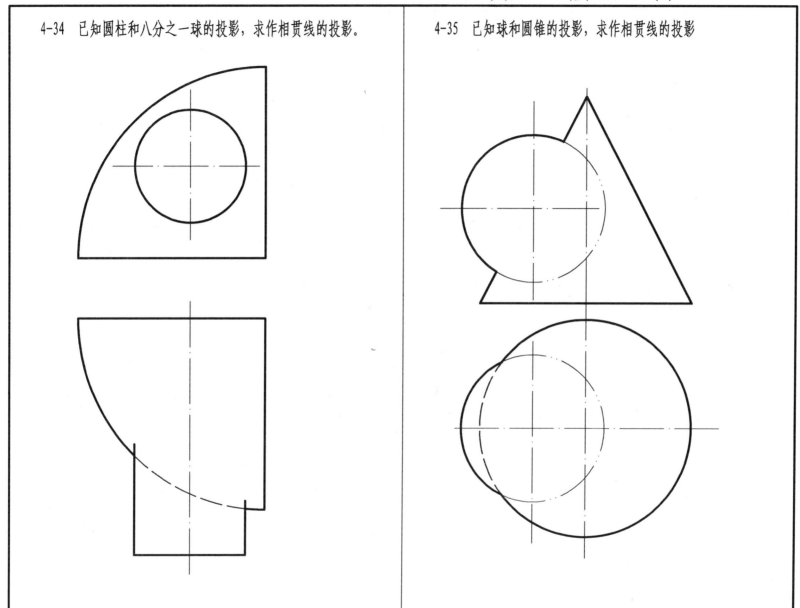

4-36 根据已知立体的投影，求作其水平投影。

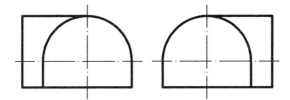

4-38 作出交管相贯线的投影，并补全四节弯管的投影。

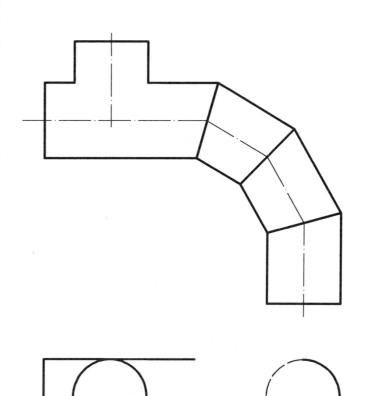

4-37 已知圆柱和圆锥的投影，求作相贯线的投影。

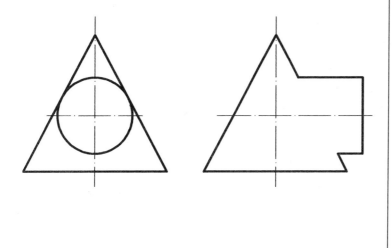

第 5 章
轴测投影

5-1 作出下列形体的正等测图。

(1)

(2)

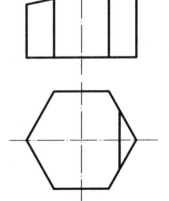

(3)

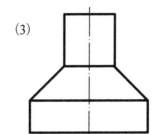

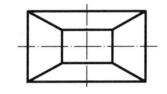

(4)

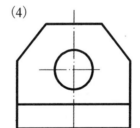

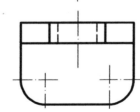

5-2 作出下列形体的斜二测图。

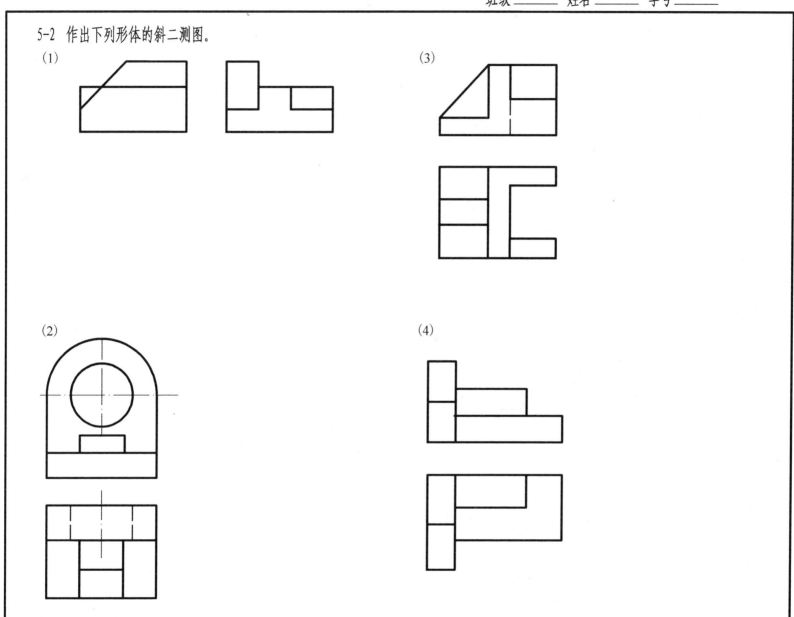

5-3 作出梁板柱接头的仰视正等测图。

5-4 作出形体的水平斜轴测图。

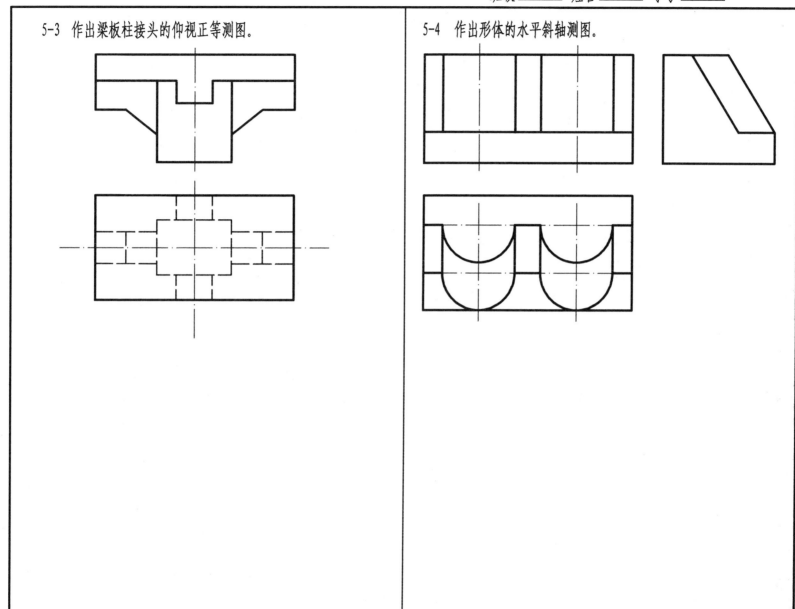

59

5-5 作出轴测图,自选轴测种类。

(1)

(2)

(3)

(4)

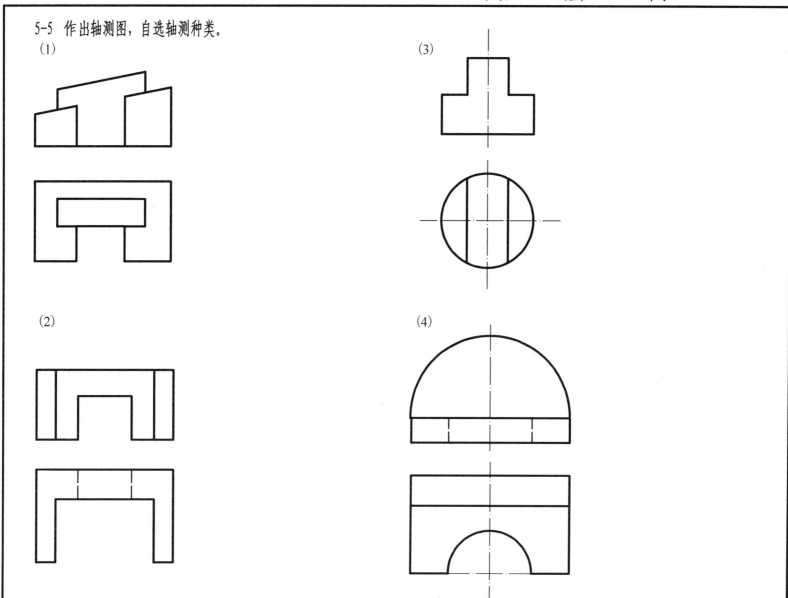

第 6 章
组 合 体

6-1 根据组合体构成特点，补出视图中漏画的图线。

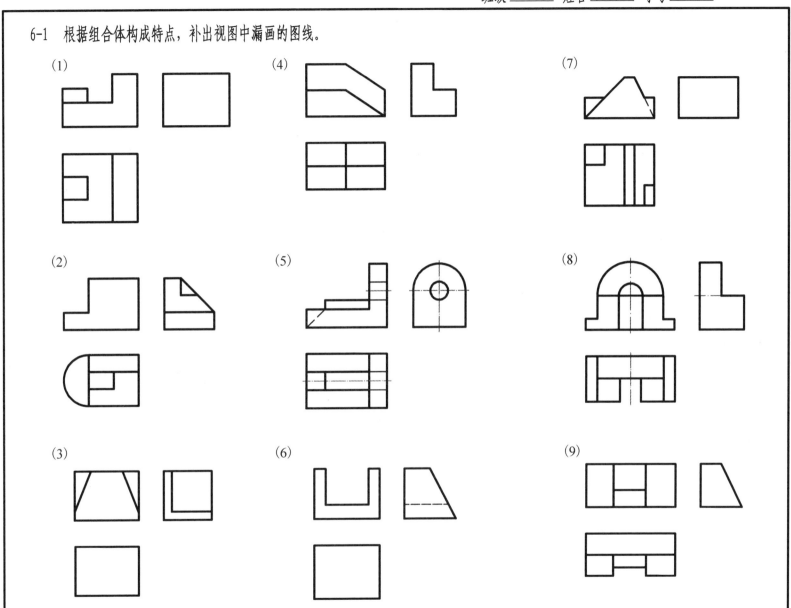

6-2 根据轴测图，补全三视图。

(1)

(2)

(3)

(4)

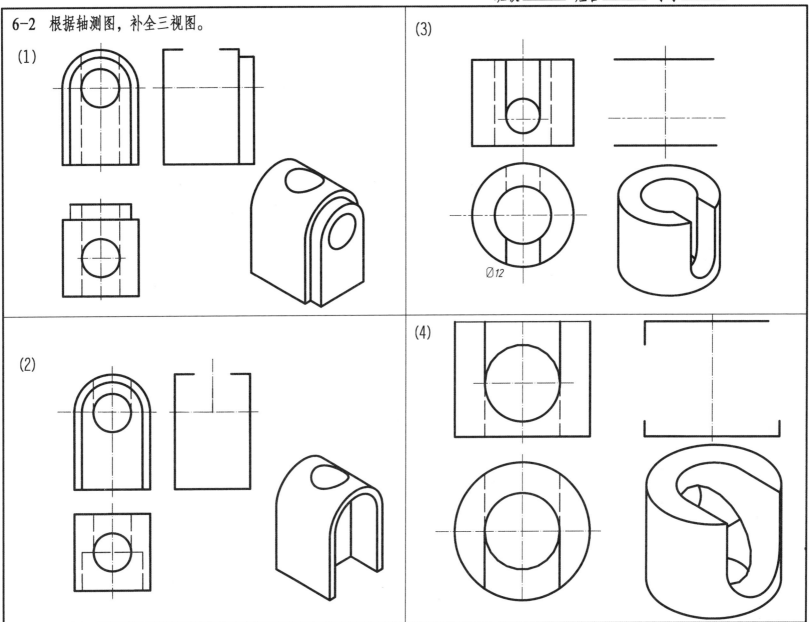

6-3 根据轴测图和立体的一个视图，画出其余视图。

(1) (3)

(2) (4)

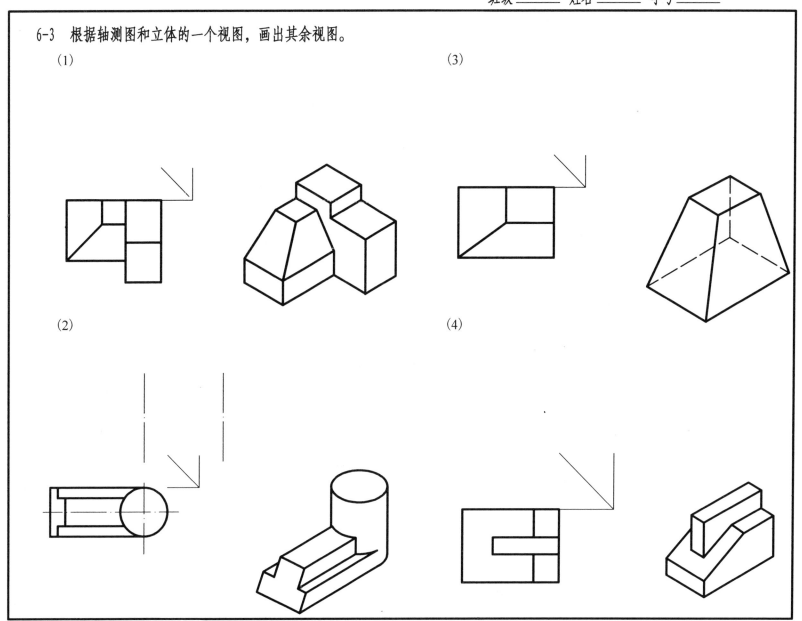

6-4 根据组合体的轴测图，绘制三视图。（比例1∶1）

(1)

(2)

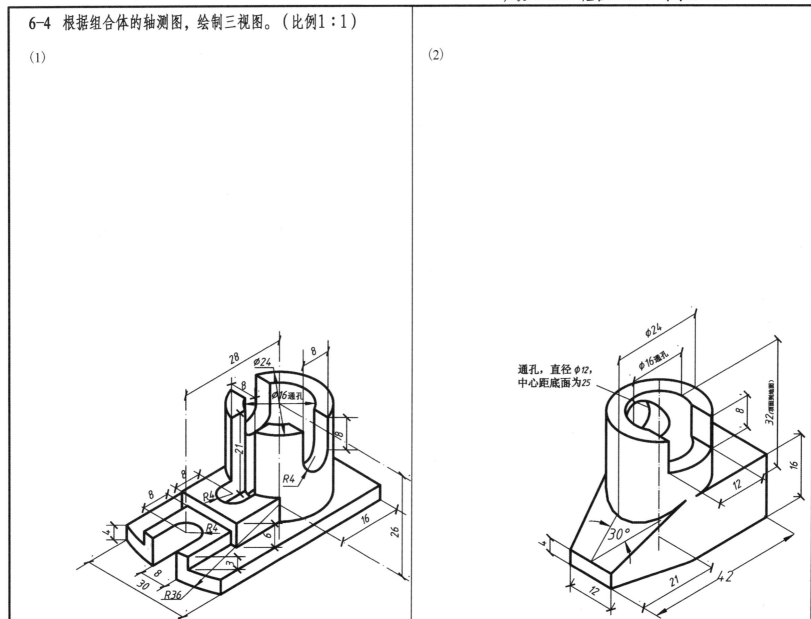

6-5 在A3的图纸上绘制下列两组合体的三视图，并标注尺寸。（比例1∶1）

(1)

(2)

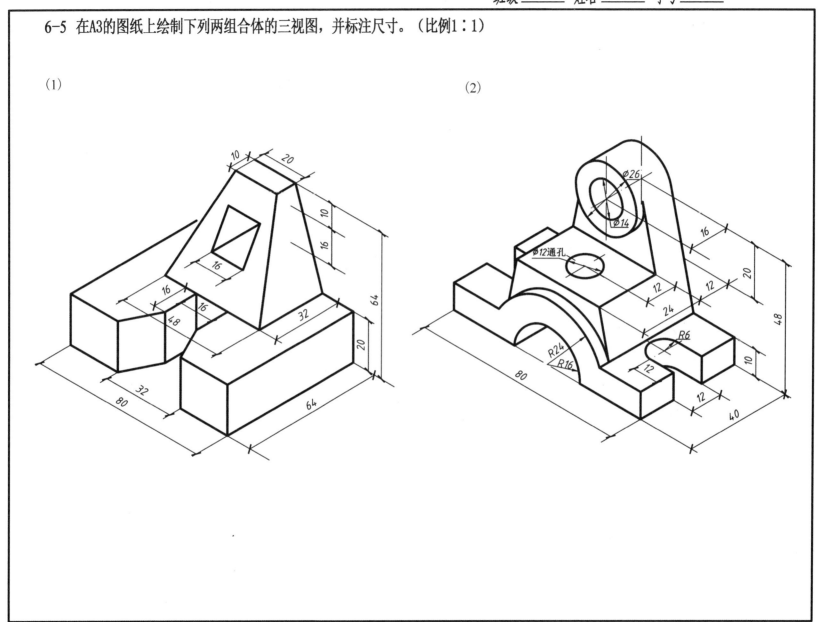

6-7 已知组合体的二视图，补出第三视图。

(1)

(3)

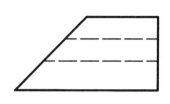

(2)

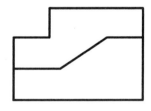

(4)

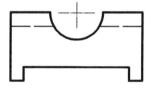 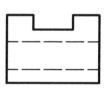

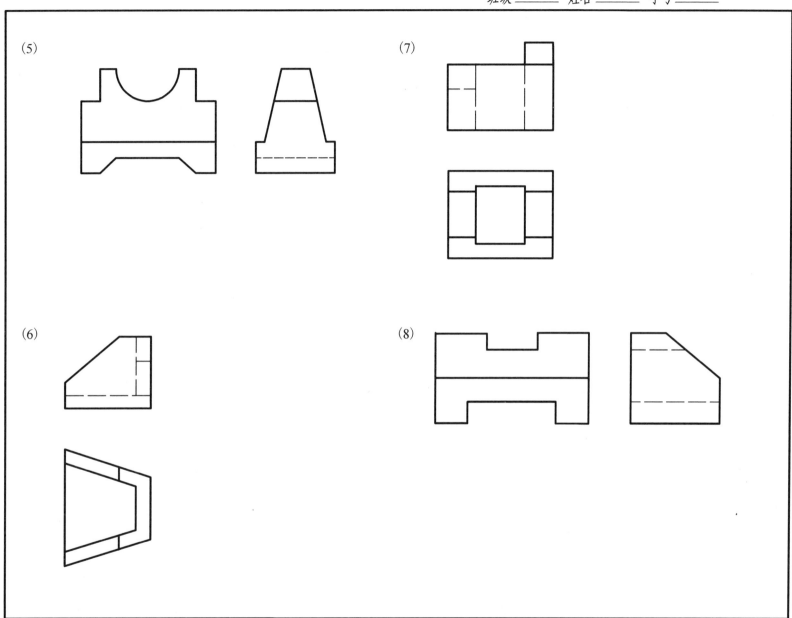

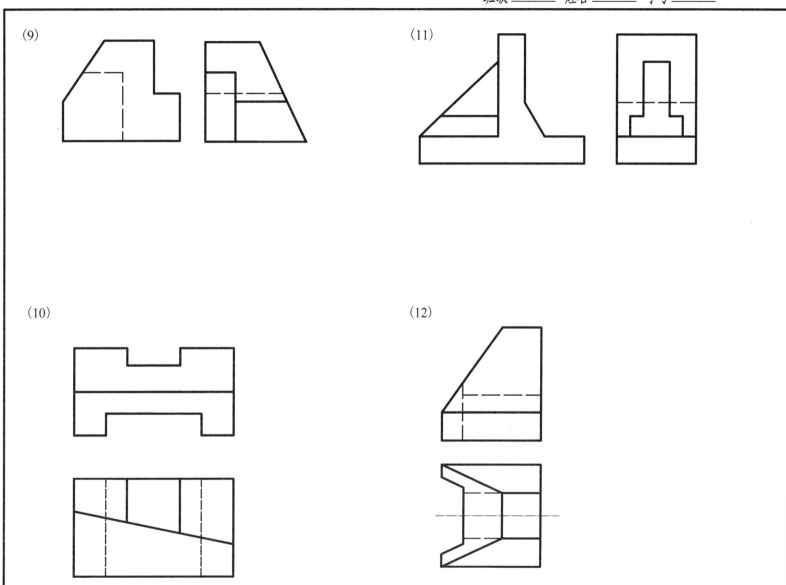

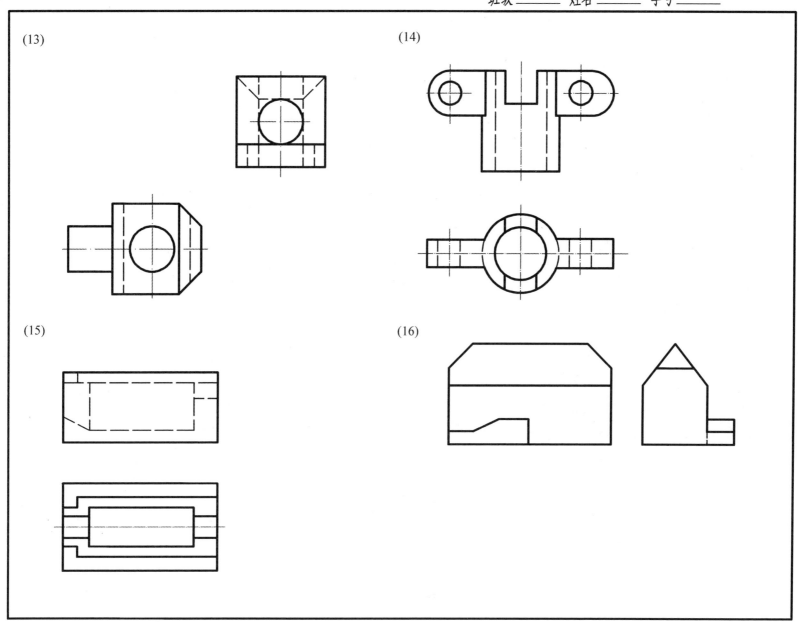

(17)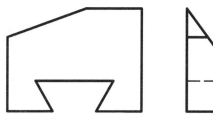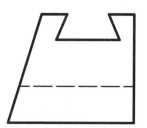

(18)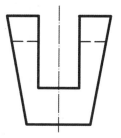

(19)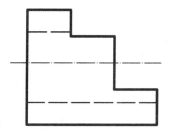

(20)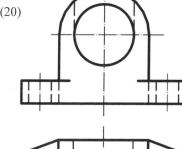
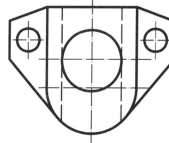

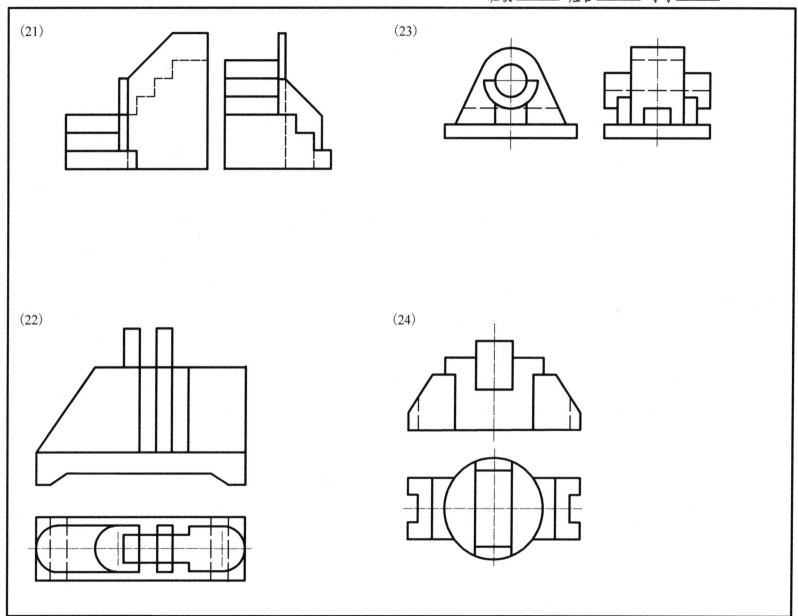

第 7 章
透 视 图

班级 _____ 姓名 _____ 学号 _____

7-1 求A点和B点的透视及基透视。

7-2 水平AB距基面50mm，画面垂直线CD距基面40mm，求此两直线的透视和次透视。

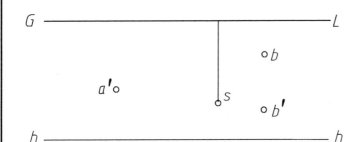

7-3 画面平行线AB，对基面的夹角为30°，其B端之高为40mm；铅垂线CD，长度为45mm，下端点D之高为10mm，求此两直线的透视和次透视。

7-4 已知高度35mm的水平线AB的次透视a°b°；高度为40的C点的次透视c°，求作它们的透视。

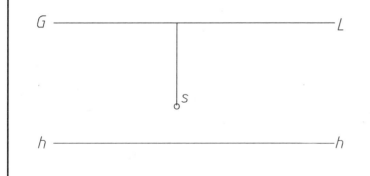

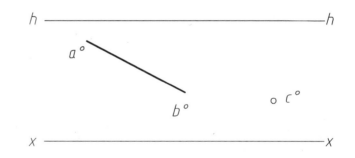

班级 _____ 姓名 _____ 学号 _____

7-5 求作位于基面上的平面图形的透视。

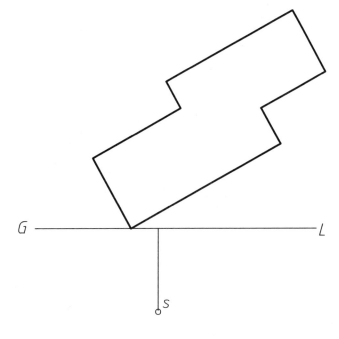

7-6 作距基面为10mm的方格网的透视。

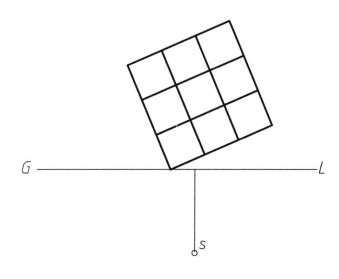

7-7 求作悬空的四棱柱的透视，柱高为宽度的四分之一，柱底比视点高10mm。

7-8 已知垂直放置地面上的圆周R，作出该圆周的透视图。

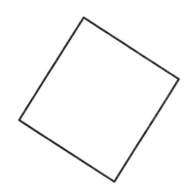

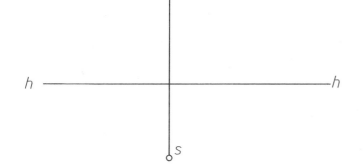

班级 _____ 姓名 _____ 学号 _____

7-9 作柱状基础的透视。

7-10 求作房屋轮廓的透视。

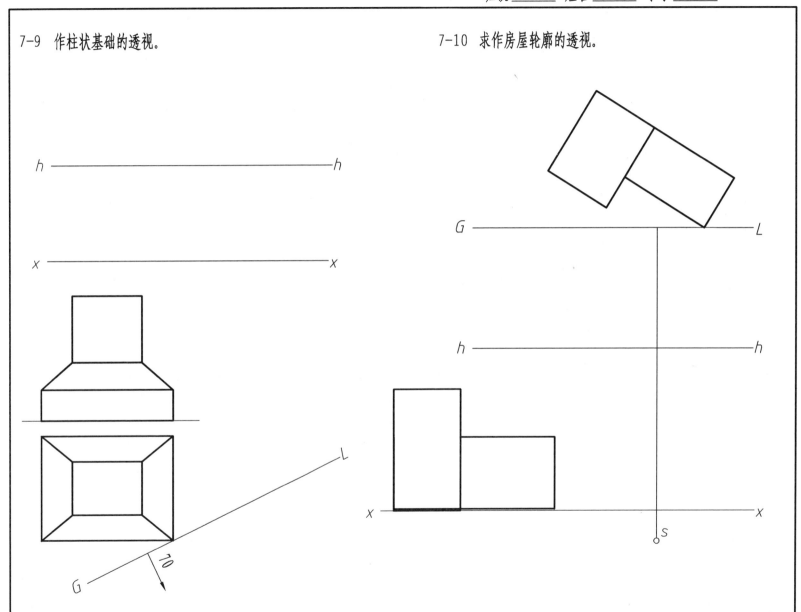

7-11 作出圆拱门的透视。

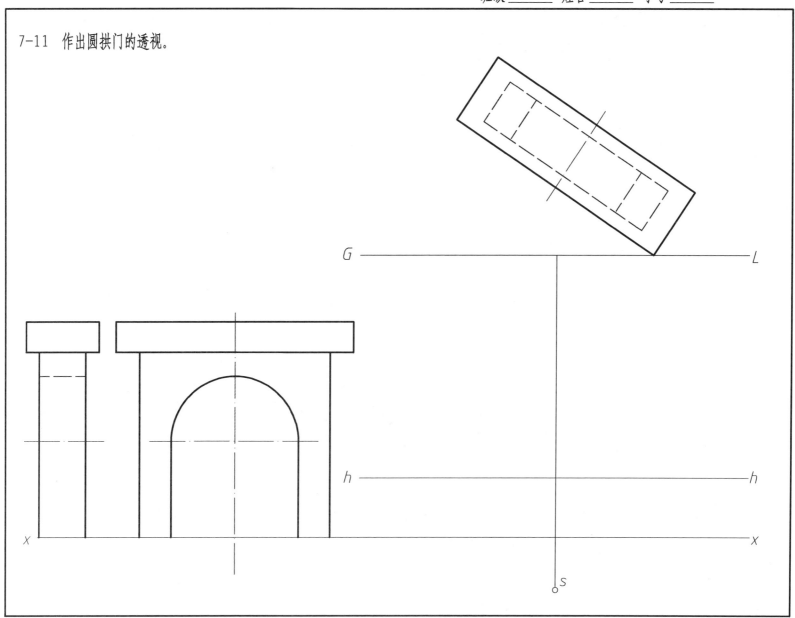

第 8 章
标高投影

第 8 章
习题解答

8-1 求直线上点 c 的高程,并求作直线另一端点 B(高程为12)的位置。

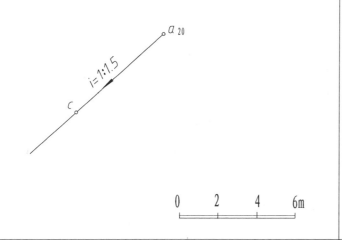

8-3 已知平面 $\triangle ABC$ 的标高 $a_{11}b_9c_5$,求作平面上整数高程的等高线和过点 A 的坡度线及坡度。

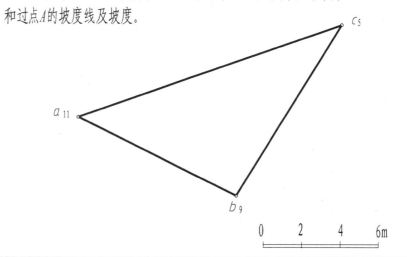

8-2 用图解法求作直线 AB 上整数高程标高点,并求出直线的坡度。

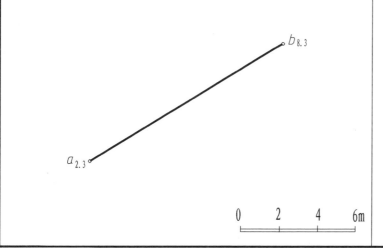

8-4 已知堤面高程为6.00,堤两侧坡面的坡度为1:1.5,地面高程为0.00,要求用1:500的比例尺作出坡脚线,并在坡面上自点 a 作一坡度为1:2.5的直线,作为上堤小路的位置。

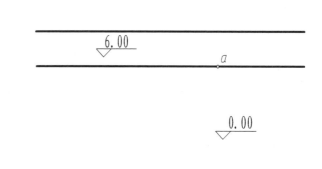

班级_____ 姓名_____ 学号_____

8-5 求两平面的交线，一平面用高程10的等高线表示，另一平面用一斜线 $a_{11}b_8$ 表示。

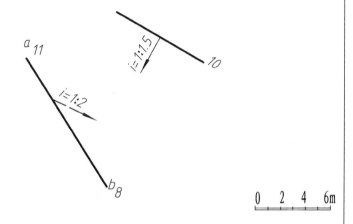

8-6 已知水平广场高程为10.50，有一坡度1:5的斜道与高程8.00的地面相连，求各坡面之间及与地面的交线。

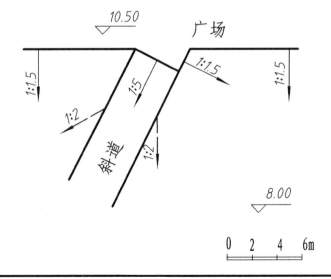

8-7 已知两堤堤顶的位置、高程和地面高程及各坡面的坡度，求各坡面之间及与地面的交线。

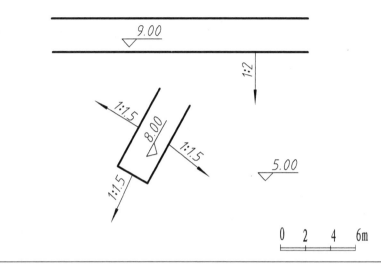

8-8 求作两平面坡与衔接锥面之间的交线和它们的坡脚线。

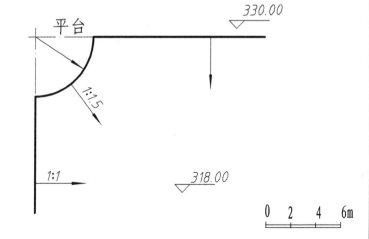

8-9 已知圆形坑底和地面高程,圆坑坡面的坡度为1:1.5,斜道两侧坡面的坡度为1:1,求作坡面之间及坡面与地面的交线。

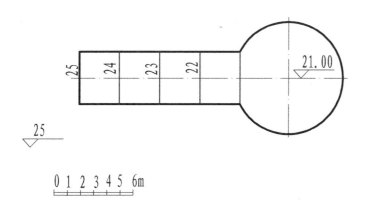

8-10 已知地形等高线、管道AB的位置和坡度,求作管道与地面的交点,并分别用虚线和实线画出管道埋入地面和露出地面的各段。

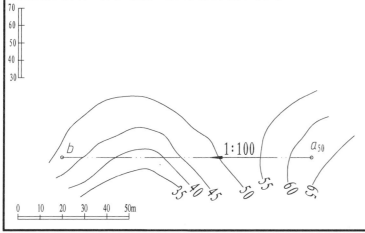

8-11 已知一公路与一弯曲斜道相连,各坡面的坡度均为1:2,求作各坡面之间及坡面与地面的交线。

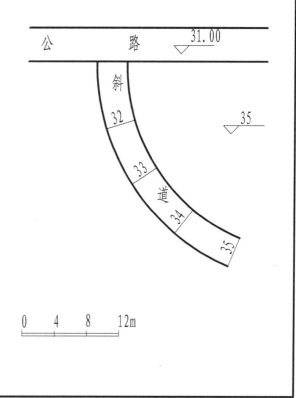

83

8-12 路面标高为46.00,填方坡度2:3,挖方坡度1:1,求坡面与地形面的交线。

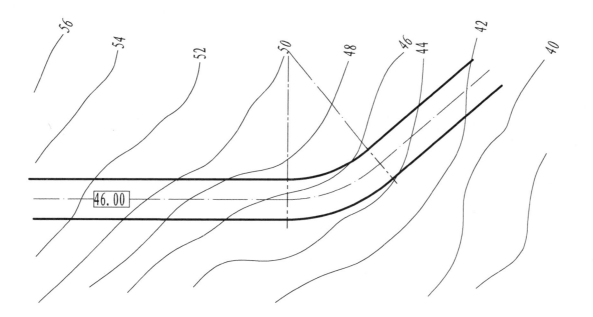

8-13 已知平台高程121.00m，挖方边坡为1∶1，填方边坡为1∶1.5，求开挖线、坡脚线和坡面交线（1∶200）。

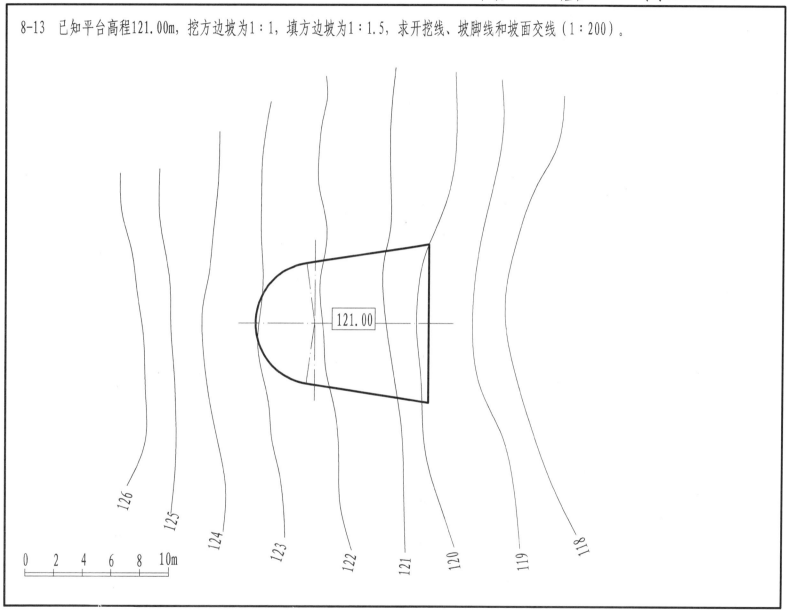

8-14 求广场及斜引道的坡面与地形面的交线，坡面间的交线、斜引道与地形面的交线，坡面的挖方坡度为3∶2，填方坡度为1∶1。

8-15 已知土坝设计断面、地形图和坝轴线位置，求作土坝平面图。（比例1∶1000）

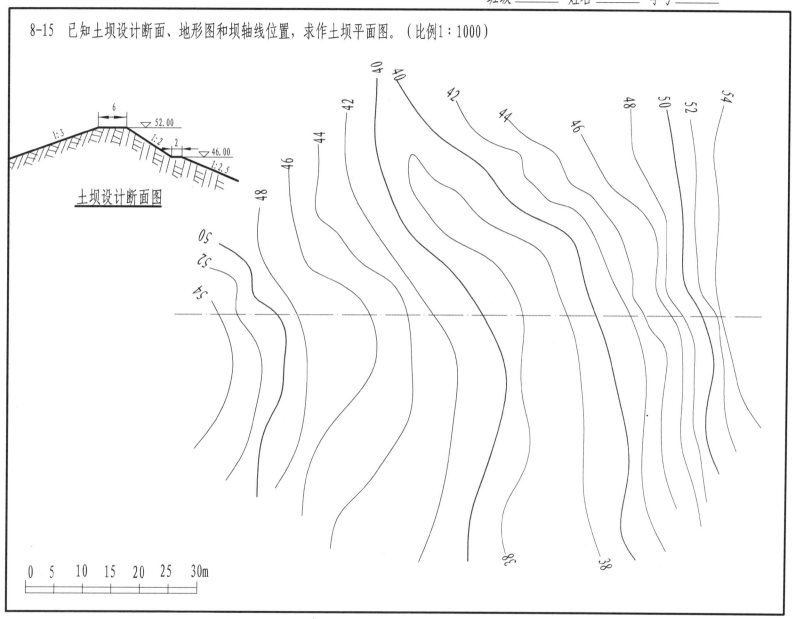

第 9 章
表达工程形体的图样画法

9-1 补画右侧立面图和背立面图。

9-2 补全图中所缺的线。

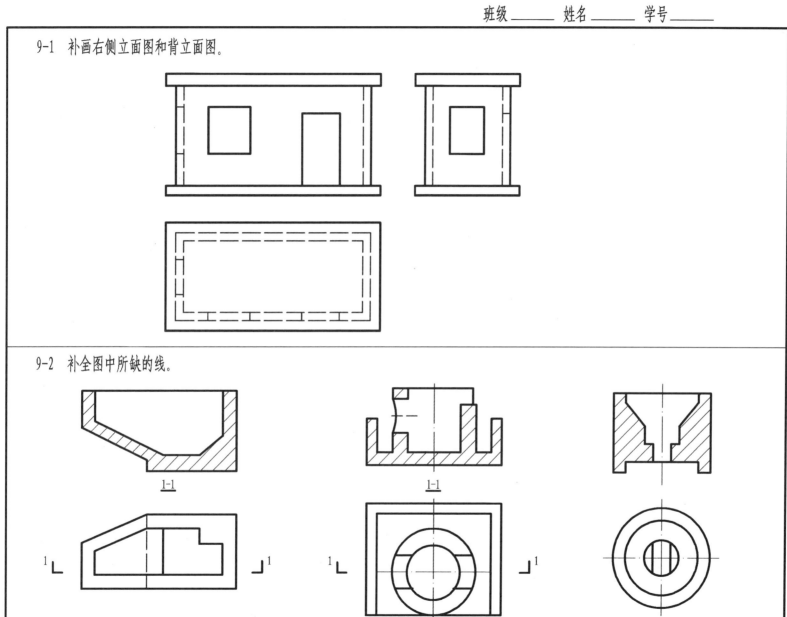

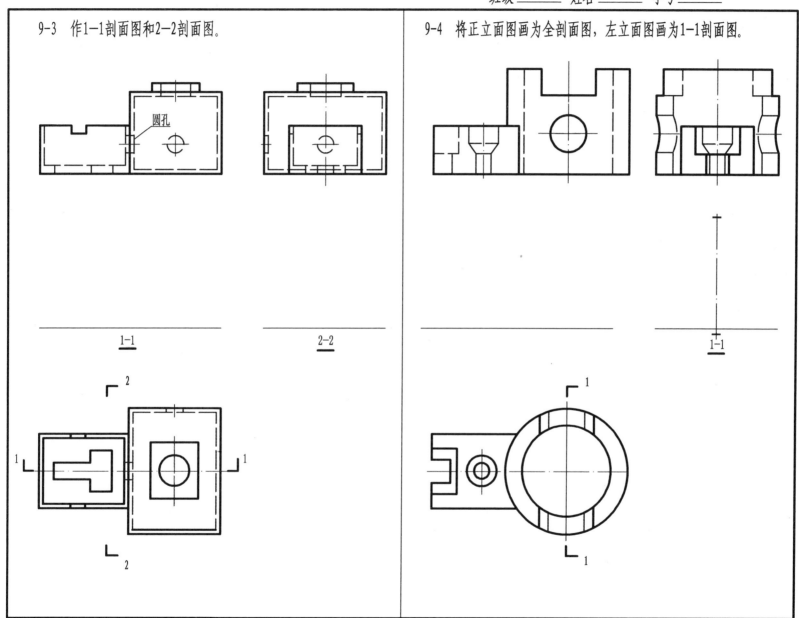

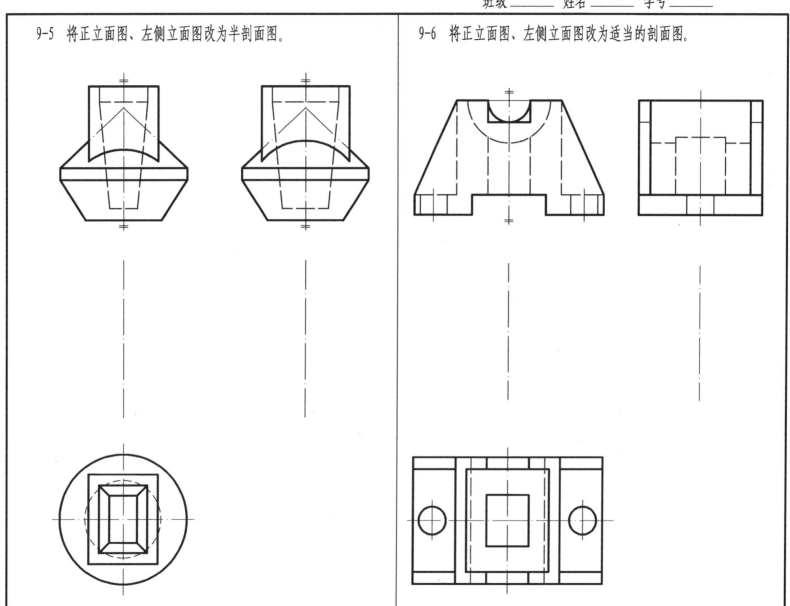

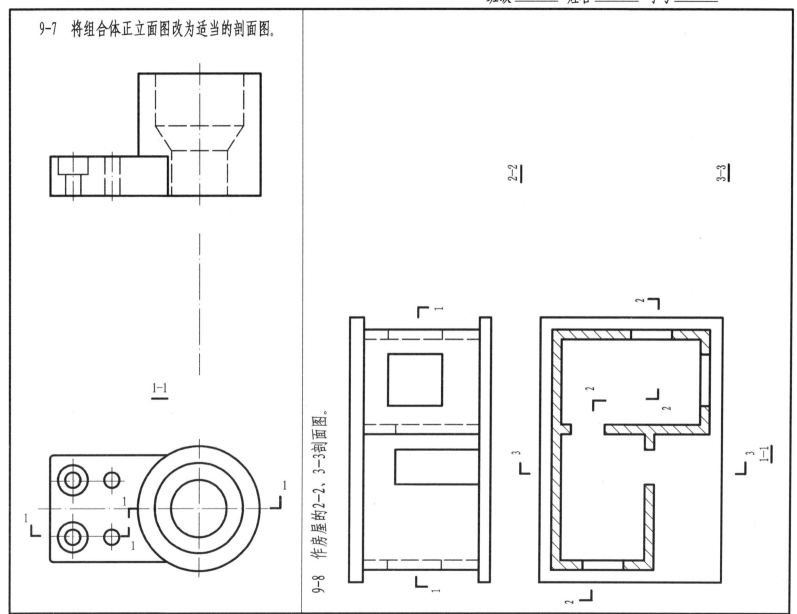

9-7 将组合体正立面图改为适当的剖面图。

9-8 作房屋的2-2、3-3剖面图。

班级_____ 姓名_____ 学号_____

9-9 将组合体的正立面图改为 A-A 剖面图。

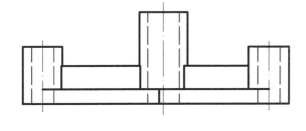

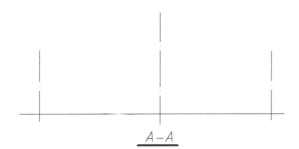

A-A

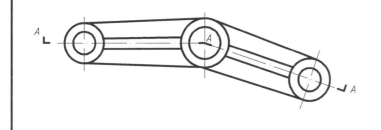

9-10 将组合体的正立面图改为 B-B 旋转剖面图。

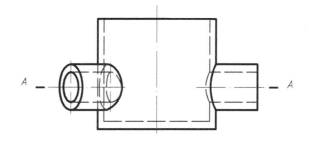

B-B

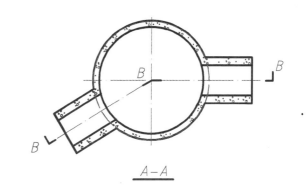

A-A

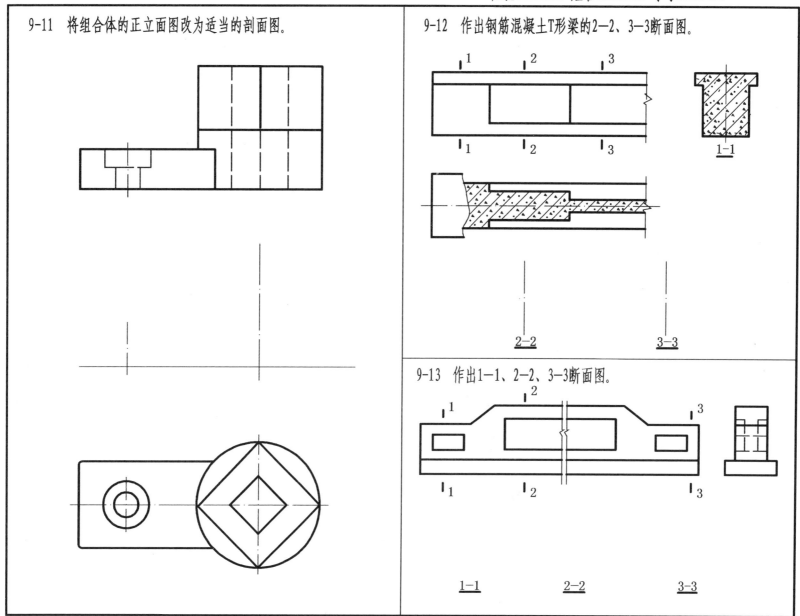

第 10 章
AutoCAD 绘图基础

班级 _____ 姓名 _____ 学号 _____

10-1 按土木工程图学教材要求绘制A3图幅。

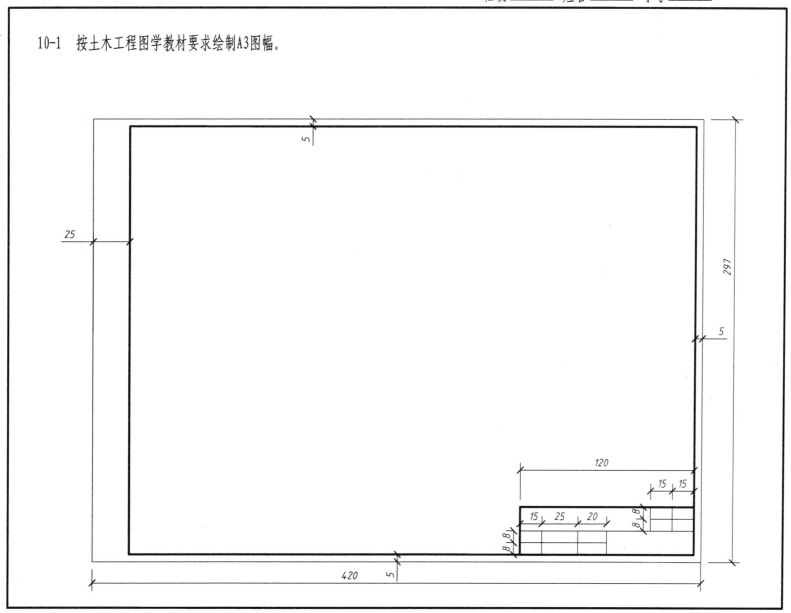

10-2 使用二维的编辑与绘图命令绘制下图。

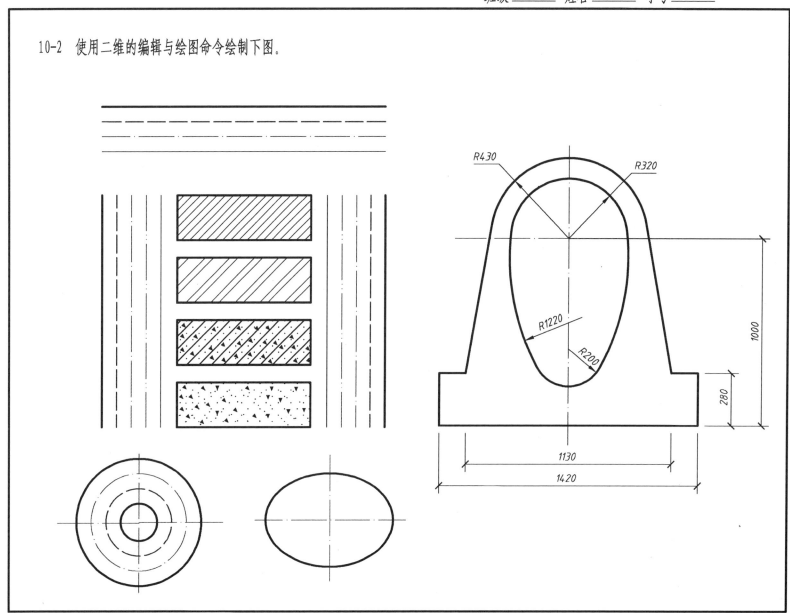

10-3 使用有关的二维绘图命令绘制下图。

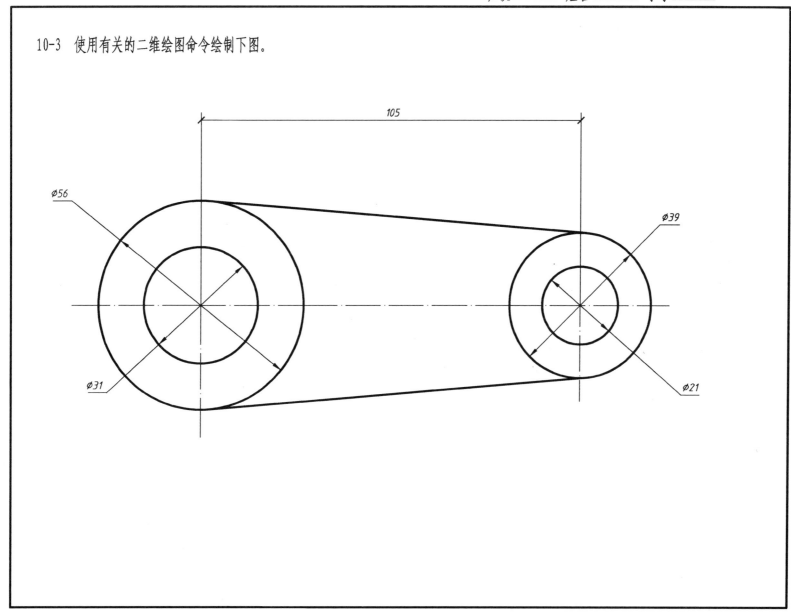

10-4 使用二维的编辑与绘图命令绘制下图。

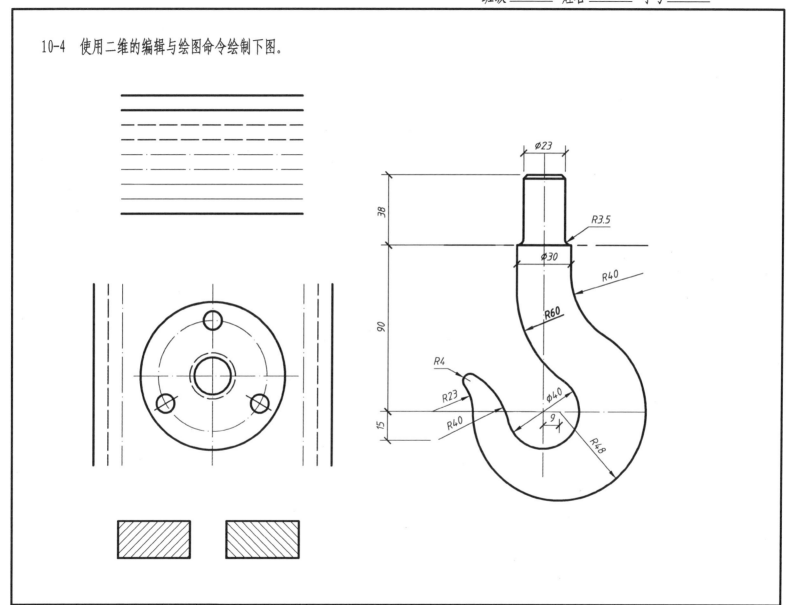

10-5 使用二维的编辑与绘图命令绘制下图。

(1)

(2)

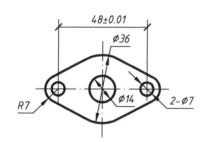

(3)

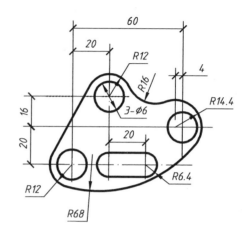

(4)

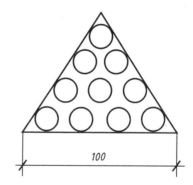

10-6 使用二维的编辑与绘图命令绘制下图。

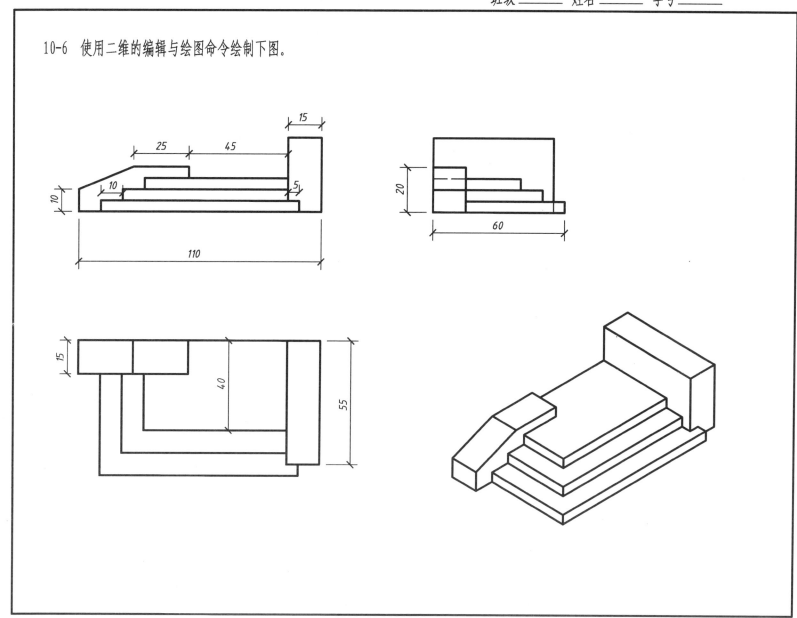

第 11 章
建筑阴影

11-1 求 A、B 两点在 H、V 面上的落影。

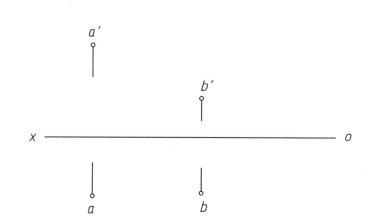

11-3 求 A 点在正垂面 P 上的落影。

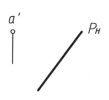

11-2 已知 A 点到 V 面的距离为 20，求它在 V 面上的落影。

11-4 求 K 在 ABC 平面上的落影。

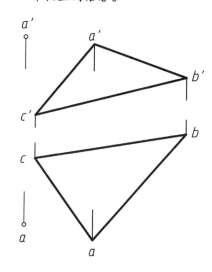

11-5 求直线AB在H、V面上的落影。

(1)

(2)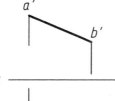

(3)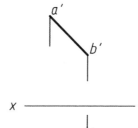

(4)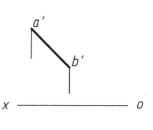

11-6 作直线AB在P和Q平面上的落影。

(1)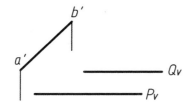

(2)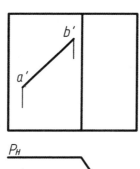

(3)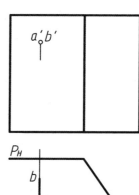

班级 _____ 姓名 _____ 学号 _____

11-7 求直线AB在墙面上的落景。

11-9 求一梯形平面在正面墙上的落影。

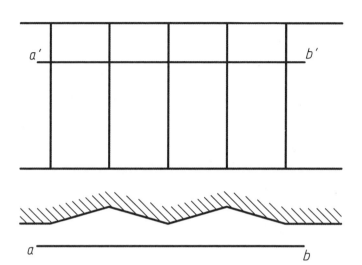

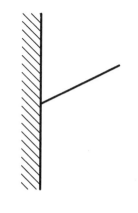

11-8 求作平面ABC的阴影。

11-10 求平面图形在V、H面上的落影。

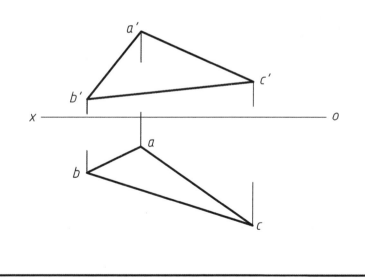

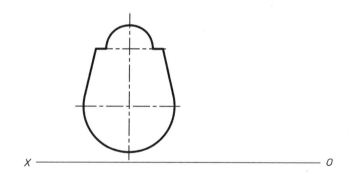

11-11 求三棱锥的阴影。

11-12 求作水平板在正面墙上的落影。

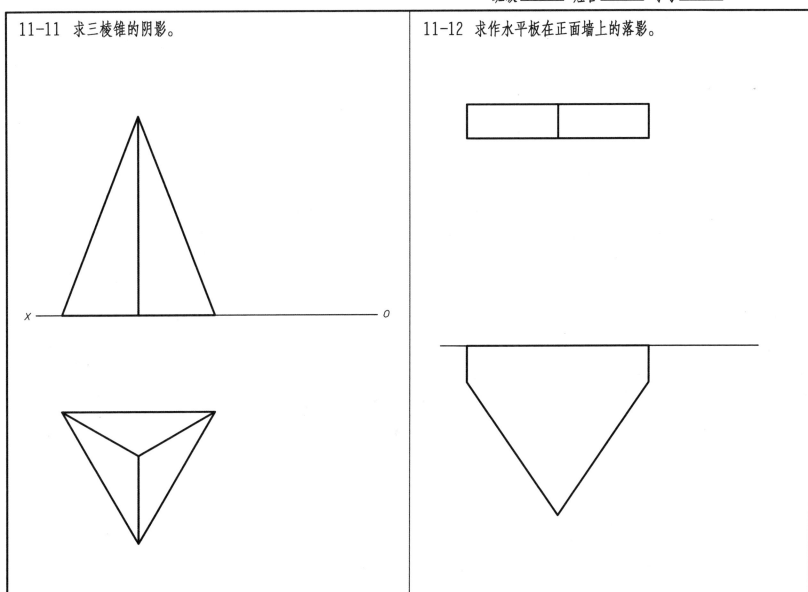

11-13 求作立体的阴影。

11-14 求作墙面上组合体的阴影。

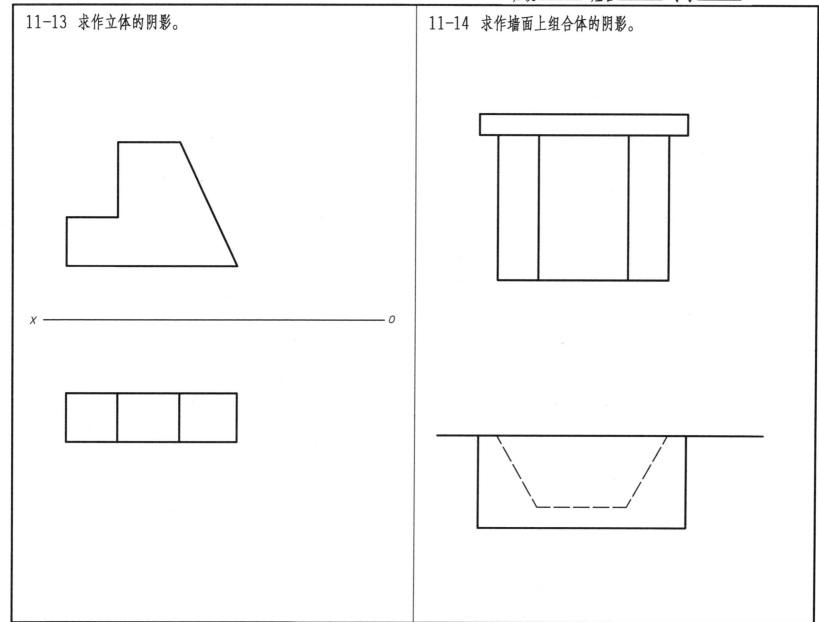

班级 _____ 姓名 _____ 学号 _____

11-15 求作组合体的阴影。

11-16 求作组合建筑形体在地面及立面上的阴影。

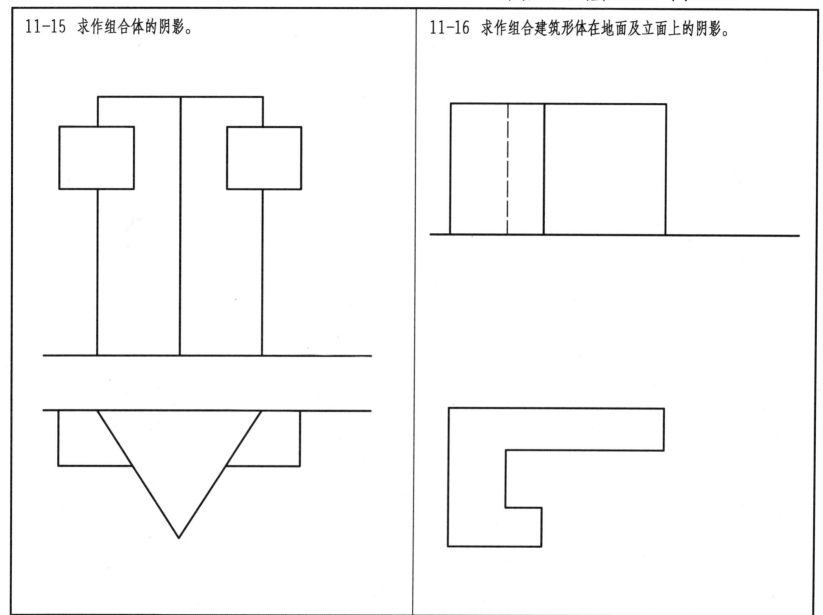

班级_____ 姓名_____ 学号_____

11-17 求作建筑形体的阴影。

11-18 求作建筑形体的阴影。

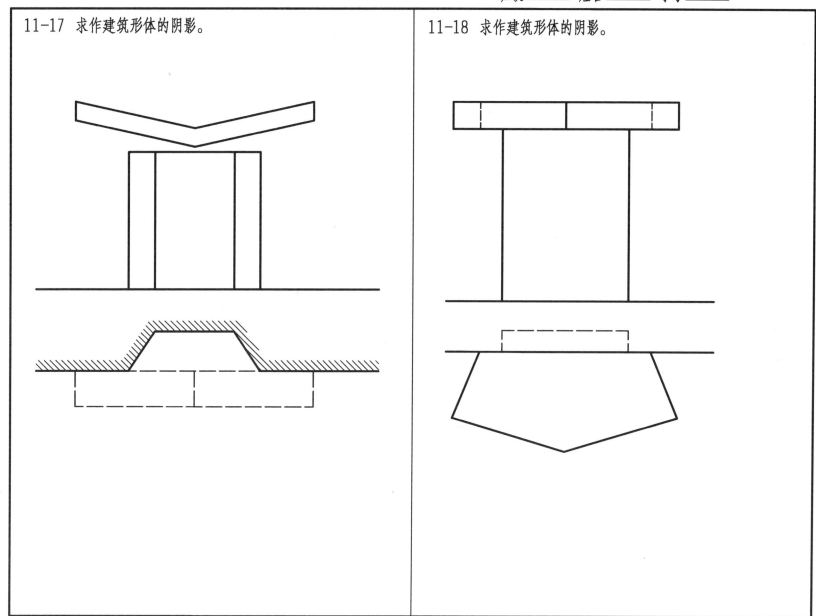

11-19 作台阶踏步的影子。

11-20 作台阶的阴影。

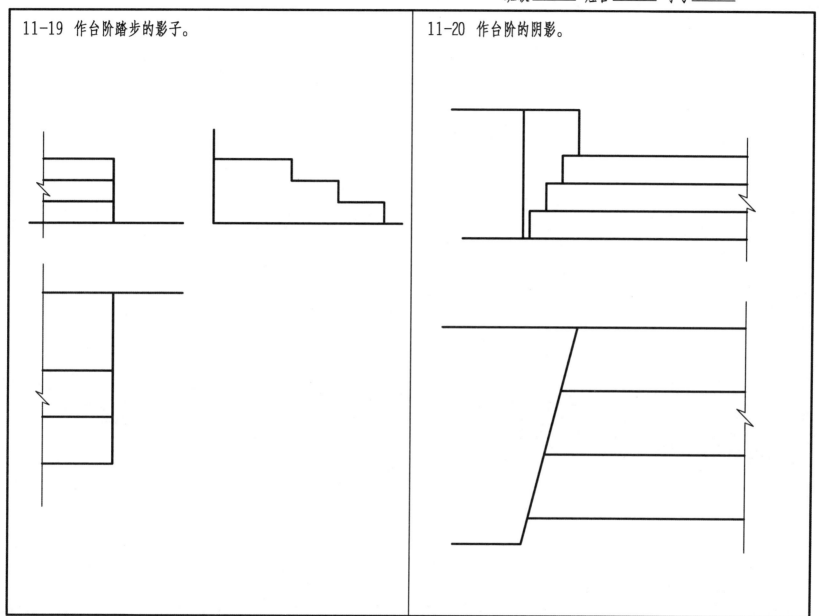

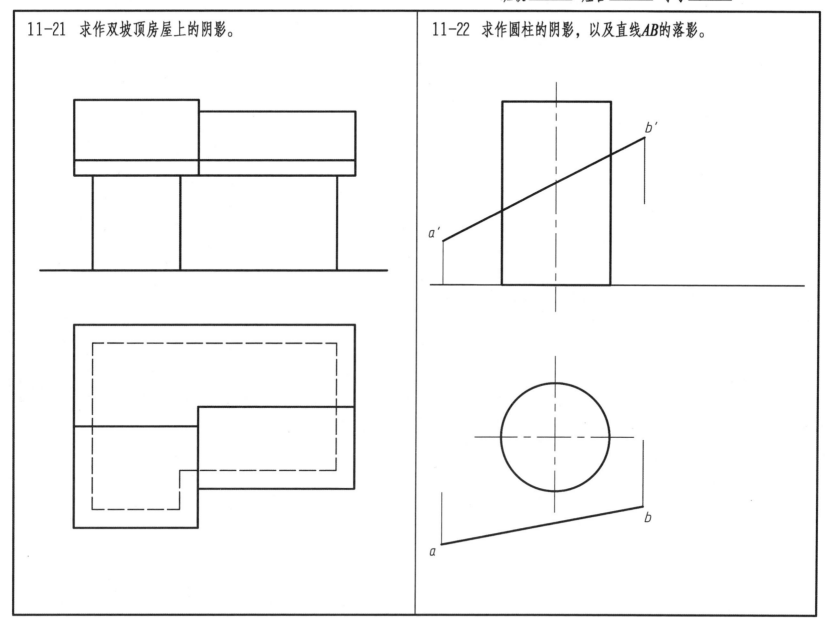

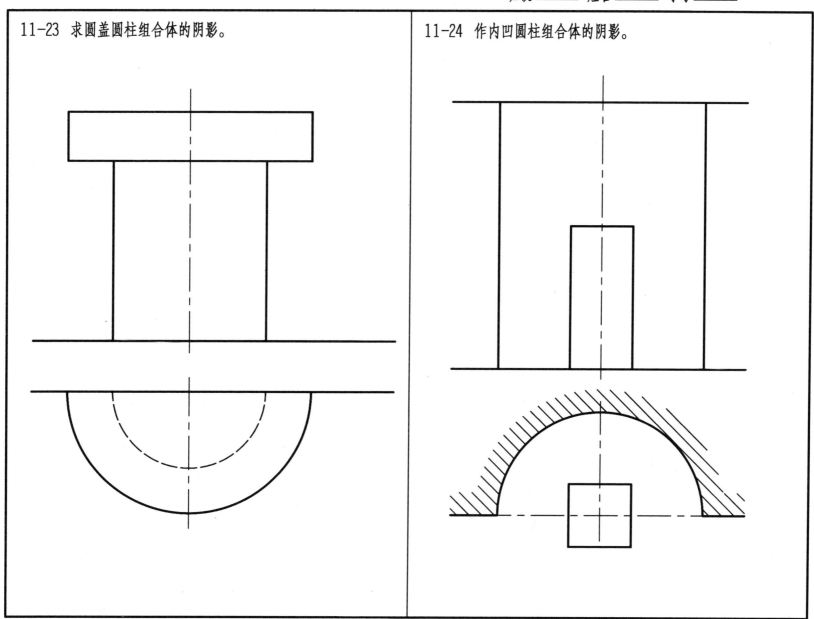

第 12 章
建筑结构图

用A3图纸绘制钢筋混凝土梁的配筋图。

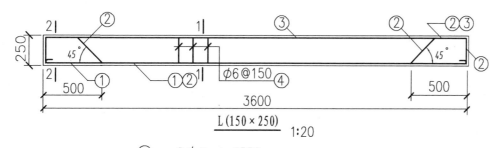
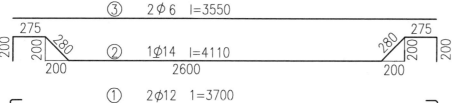
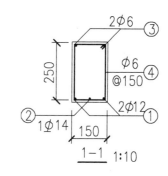
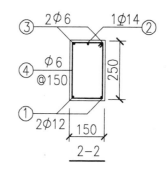
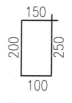

钢筋表

编号	规格	简图	单位长度	根数	总长(m)	重量(kg)
①	φ12		3700	2	7.40	7.53
②	φ14		4110	1	4.11	4.96
③	φ6		3550	2	7.10	1.58
④	φ6		700	24	16.80	3.75

114

第 13 章
建筑施工图

班级 _____ 姓名 _____ 学号 _____

13-1 附图一、二、三是某食堂的建筑施工图，看图回答下列问题：
(1) 食堂的建筑面积为_____，操作间的进深和开间分别为_____m和_____m。
(2) 横向定位轴线有_____条，编号从_____到_____，纵向定位轴线有_____条，编号从_____到_____。
(3) 阅读2-2剖面图，填写各层层高和标高。

	一层	二层
层高(m)		

	室外地面	室内地面	二层楼面	屋顶面
标高(m)				

13-2 根据附图一、二、三，在A2的图纸上，用正确的线型绘制一层平面图、正立面图和2-2剖面图。

13-3 根据附图一、二、三，在AutoCAD中，用正确的线型绘制一层平面图、正立面图和2-2剖面图。

附图一 一层平面图、门窗表、总说明

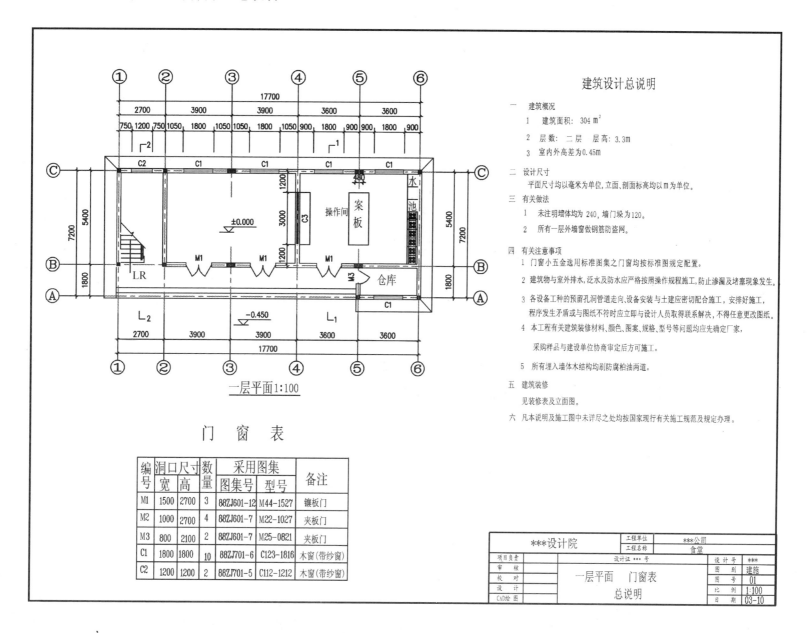

附图二　正立面、背立面、1-1剖面、2-2剖面

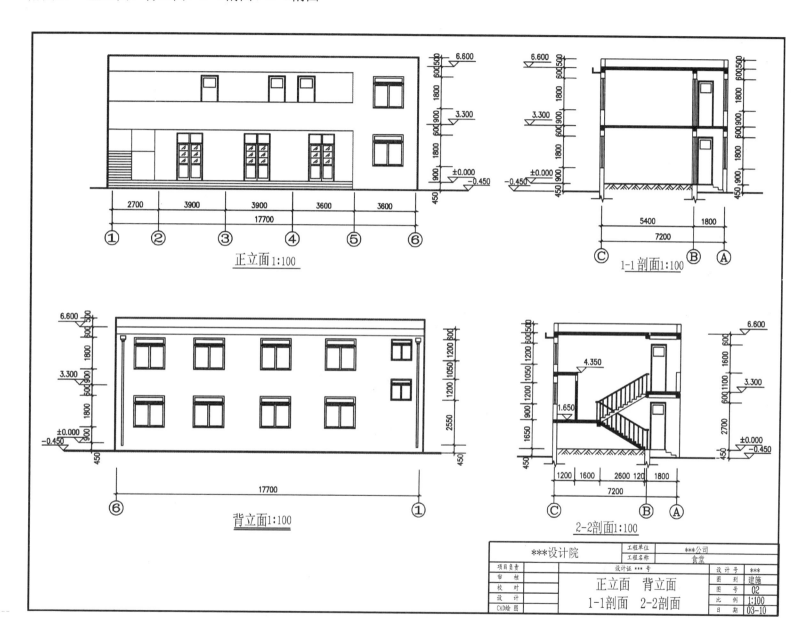

附图三 二层平面、屋顶平面、装修表

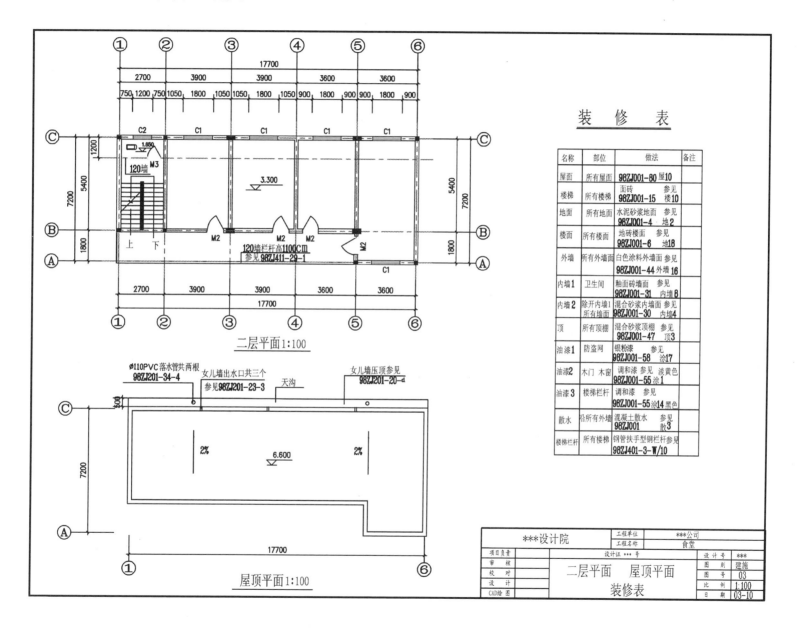

第 14 章
建筑设备图

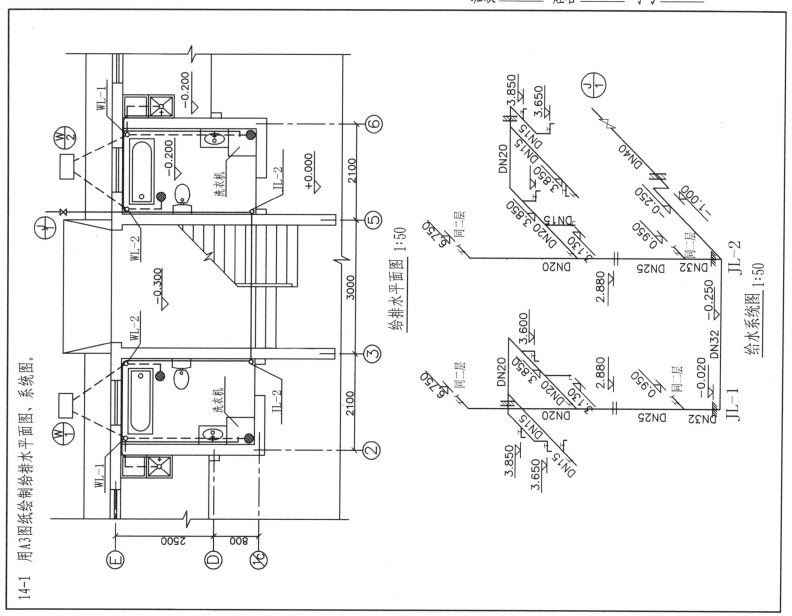

14-1 用A3图纸绘制给排水平面图、系统图。

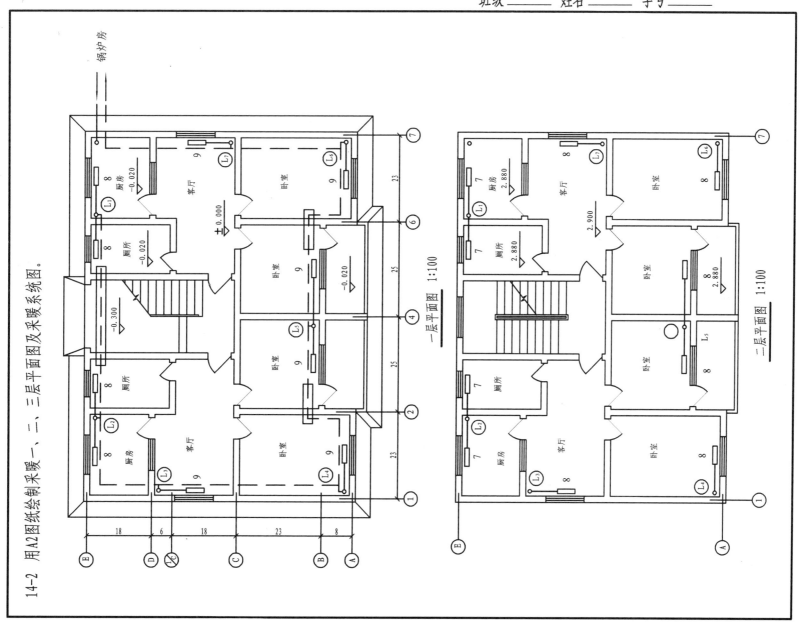

14-2 用A2图图纸绘制采暖一、二、三层平面图及采暖系统图。

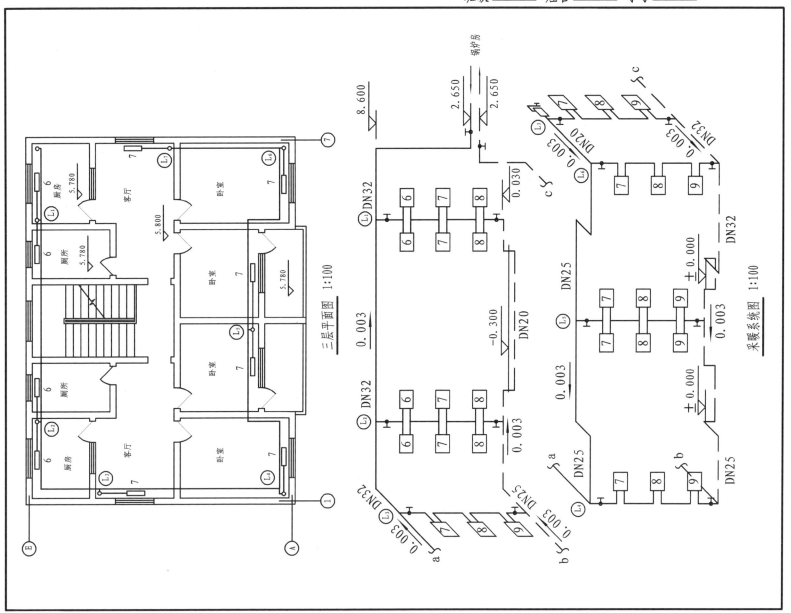

14-3 用A3图纸绘制通风平面图、剖面图。

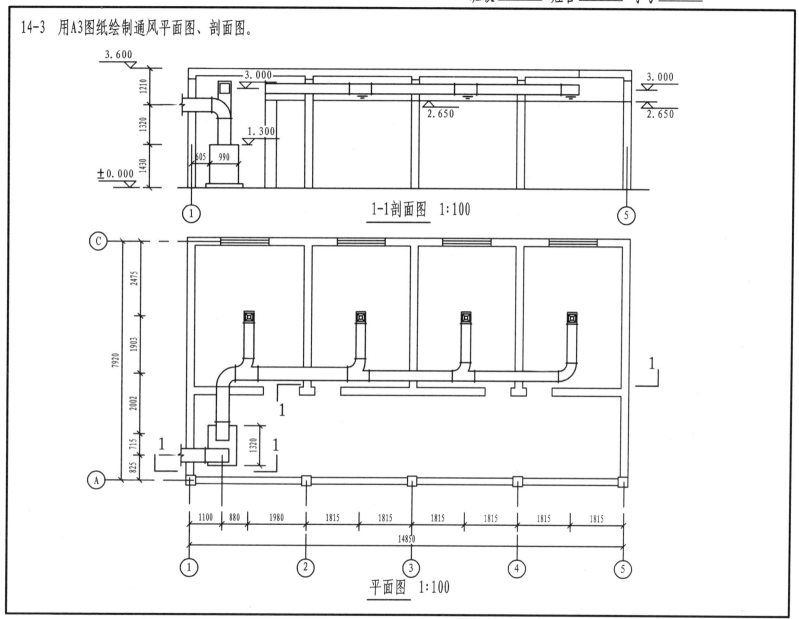

第 15 章
路、桥工程图

用A3图纸按1:20绘制桥梁布置图。

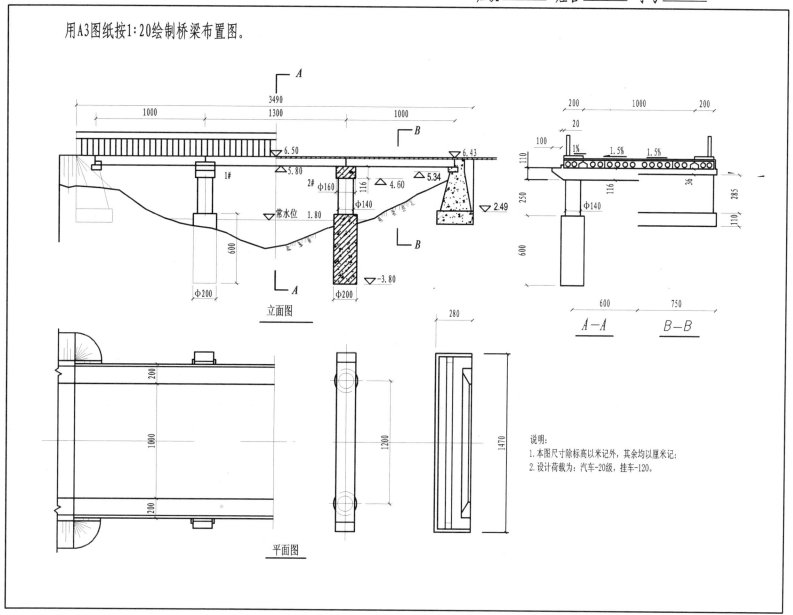

说明：
1. 本图尺寸除标高以米记外，其余均以厘米记；
2. 设计荷载为：汽车-20级，挂车-120。

第 16 章
水利工程图

第1章
はじめに

班级_____ 姓名_____ 学号_____

16-1 补画出C—C剖视图。

16-2 补画坝内测点窗的1—1剖视图。

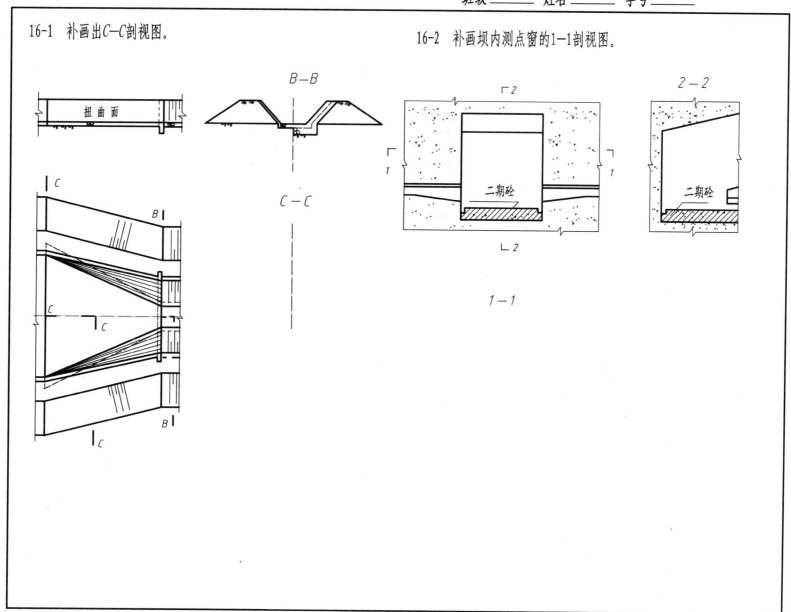

16-3 补画出B—B剖视图。

16-4 补画溢洪道A—A展开剖视图。

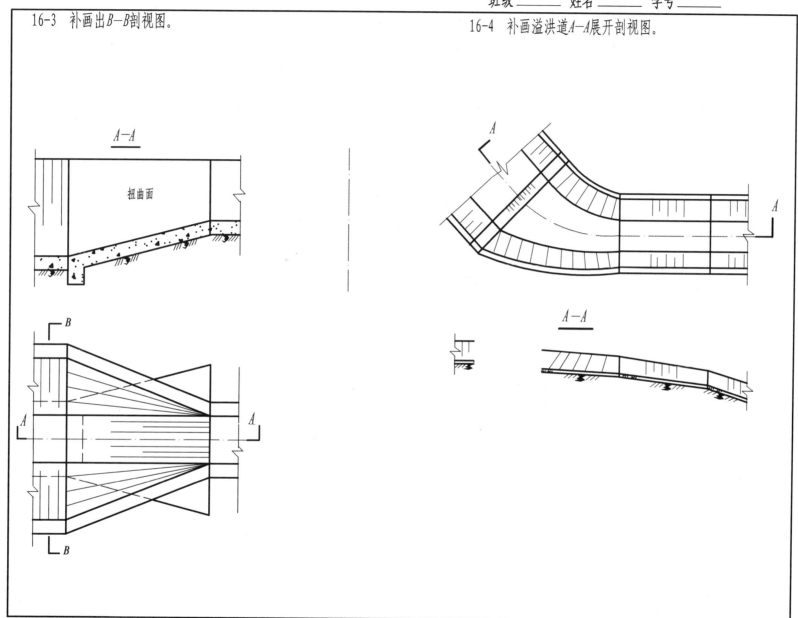

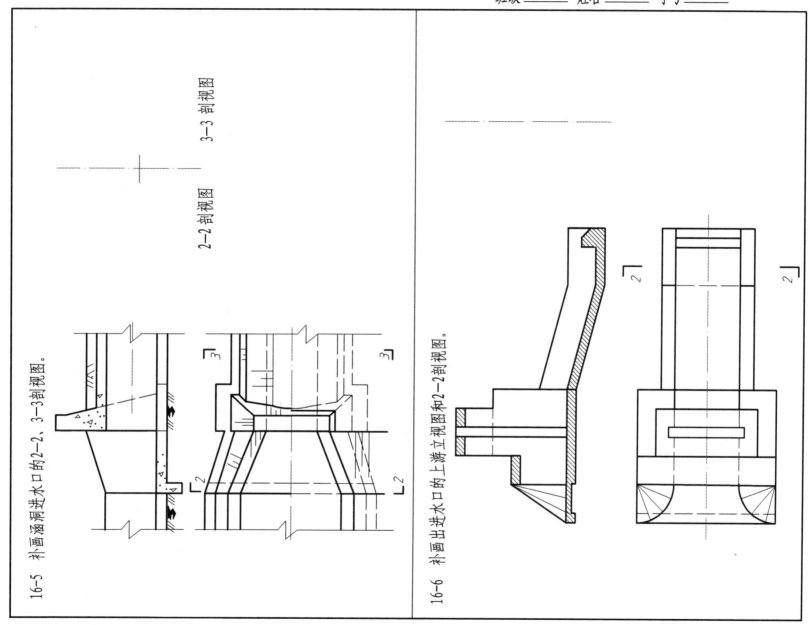

16-7 结合《土木工程图学》教材第十六章例题2补出E向剖视图，并抄绘在A2幅面的图纸上，或用AutoCAD绘制。

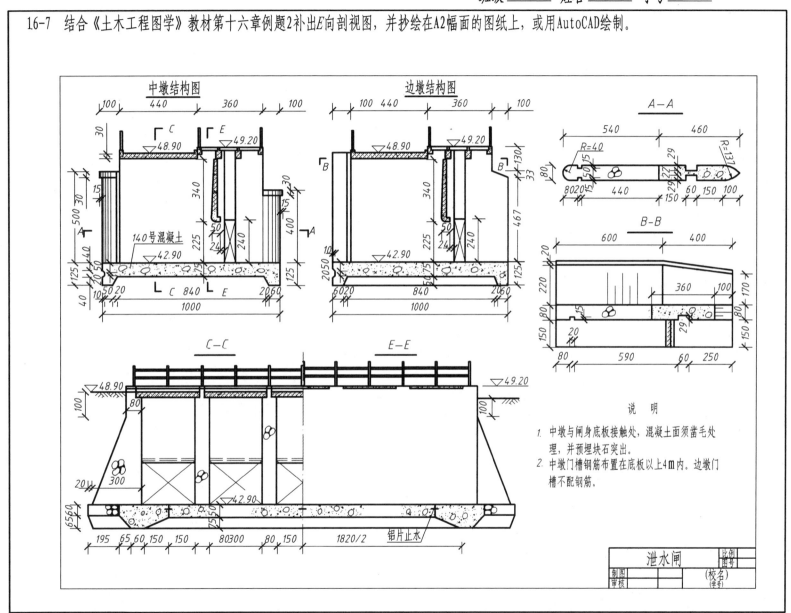

第 17 章
几何造型设计简介

班级 _____ 姓名 _____ 学号 _____

17-1 根据所给物体的三视图，编写其三表结构。

17-2 几何造型系统中有哪些实体，为什么要分类求交。

17-3 三维形体有哪些表示方法，各有什么优点和缺点？

17-4 在AutoCAD中利用体素造型，自定义尺寸大小绘制下列物体。